DeepSeek
使用秘笈

从入门到精通的
100个实用技巧

王吉斌 祝丽丽 吴佳莹 左少燕 韦　伟 黄丽莹
莫玉华 吴　凡 董泽伟 张文杰 肖雅元 曾　亮　著

U0348572

机械工业出版社
CHINA MACHINE PRESS

图书在版编目（CIP）数据

DeepSeek 使用秘笈 : 从入门到精通的 100 个实用技巧 /
王吉斌等著. -- 北京 : 机械工业出版社，2025. 3（2025. 4 重印）.
ISBN 978-7-111-77935-3

Ⅰ. TP18

中国国家版本馆 CIP 数据核字第 2025F67X84 号

机械工业出版社（北京市百万庄大街 22 号　邮政编码 100037）
策划编辑：杨福川　　　　　　　　责任编辑：杨福川　李　艺
责任校对：李荣青　张雨霏　景　飞　　责任印制：任维东
北京瑞禾彩色印刷有限公司印刷
2025 年 4 月第 1 版第 3 次印刷
170mm×230mm・16.25 印张・235 千字
标准书号：ISBN 978-7-111-77935-3
定价：69.00 元

电话服务　　　　　　　　网络服务
客服电话：010-88361066　机　工　官　网：www.cmpbook.com
　　　　　010-88379833　机　工　官　博：weibo.com/cmp1952
　　　　　010-68326294　金　书　网：www.golden-book.com
封底无防伪标均为盗版　机工教育服务网：www.cmpedu.com

这本书是 AI 技术落地的实战指南，为制药行业的数字化转型提供了全新视角。书中的 100 个技巧直击企业痛点，从数据分析智能化到研发流程优化，从合规性把控到跨部门协作，深度契合医药行业对效率与精准度的双重需求。我们通过实践发现，DeepSeek 在企业高效运营等方面展现了惊人潜力，其本地化部署方案更能满足医药行业对数据安全的高标准要求。本书不仅提供了即学即用的方法论，更启发我们构建 AI 驱动的智能运营体系。推荐医药同行通过此书解锁 AI 赋能新范式，让国产大模型成为加速数字化转型的核心动力。

——蒋文文　哈药股份信息总监

在 AI 重构生产力的今天，掌握智能工具已成为个人持续进阶的必修课。本书系统地梳理出覆盖 DeepSeek 全场景的 100 个核心技巧，助你从工具使用者蜕变为智能时代的驾驭者。无论你是职场新人还是资深从业者，都能在生活管理、学习成长等场景中找到突破路径。让我们以这本"智能生存手册"为钥，开启人机协作的新纪元。

——杨军红　中电建路桥集团有限公司科技与
信息化部信息化管理中心主任

这本书旨在为这个时代的每一个人搭建一座通往 AI 的桥梁，帮助大家逐步掌握 DeepSeek 的精妙之处。看了本书的前言，我被深深吸引，作为一个 IT 老兵，人生的遗憾，莫过于历经 30 余载精心雕琢、曾在漫长岁月里发挥过重要作用的信息系统，在当下 AI 蓬勃发展的大环境中，却显得力不从心，几乎失去了竞争力，一切需要从头再来。愿大家借助这本书，在 DeepSeek 的世界里扬帆起航，收获知识的硕果，实现自我突破与成长。

——宋世武　中粮福临门食品营销有限公司 CIO

这是一本突破性指南，全面揭秘了 DeepSeek 这一强大 AI 工具的各种应用技巧，既适合新手，也适合 AI 达人。从提示词的精准运用，到深度思考引擎的驾驭，再到创作、营销和学习等领域的多元化应用，每一章都提供了切实可行的解决方案。这本书不仅详细讲解了 DeepSeek 的基本操作和功能，还通过实用的技巧和策略，帮助读者高效提升工作与生活的智能化体验。

——李圆　中国软件行业协会 CIO 分会秘书长

这是一份打破 AI 工具书传统框架的实战宣言。当市场上其他作品仍在讨论技术伦理时，它已精准地将 100 把"手术刀"刺入职场、创作、生活的"效率动脉"。从使用智能体以构建私有知识库，到运用"反向 PUA"策略榨取 AI 的深度思考力，每一个技巧都是对传统工作流程的颠覆性变革。在这场生产力革命中，落后者的墓碑上将刻满"我本可以"的遗憾。

——孙甄　海南省信息协会常务副会长兼秘书长

DeepSeek，值得你全力以赴，不缺席、不掉队

人生的遗憾，莫过于对每一个人都是公平且同时起步的机遇摆在我们面前，我们却没有珍惜。三五年之后如果再给你一次机会，你肯定会放下手中的游戏、酒杯、扑克，以万米冲刺的速度去拥抱 DeepSeek 这个可能是"国运级别"的科技成果。毕竟，人的一生难得遇到一次如此震撼的技术革命。

人生的浪费，并不是被割了"韭菜"，而是在这个信息爆炸的时代，我们被每天都会接触到的大量知识和技能中碎片化的、不成体系的"毒草"浪费了时间和金钱，浪费了时间和金钱不说，错过了机遇才是真正的浪费。

人生的耽误，并不是没有疯狂地、像海绵一样地去吸收知识，并不是没有熬夜去听讲座、做笔记，而是在于学富五车却没有用武之地，或者穷尽一生学会了屠龙之技，却发现世界上并没有龙。

人生的动力，并不是自我激励、自我麻醉，给自己不停地灌鸡汤、打鸡血，努力到精疲力竭，而是每吸收一个知识点，就能得到实时的反馈，让自己的大脑充满多巴胺。当前，我们无非就是将人工智能的应用落地在自己身边，可以是使用 DeepSeek 去完成一次搜索、一个 PPT、一篇没有错别字的文档。

人生的困惑，并不是不知道机遇来临或者抓住机遇，而是不知道从哪里下手，你的困惑来自没有一步步地从 1 + 1 = 2 学起，而是直接跳到求解微积分题，才会萌生困惑感、无力感。

当 DeepSeek 被每一个人知晓时，如何让它在我们的工作和生活中发挥效

能，成为每一个人必须掌握的技巧，就像多年前你掌握输入法一样——如果多年前你不懂得手机如何打字，现在使用手机和其他人沟通就是一个不可想象的难题。

如今也是这样，如果你的同事和朋友在写报告、制作 PPT、批改学生的作业、制订自己的健身计划、写爆款视频脚本的时候使用 DeepSeek 效率提高了十倍，而你还在哼哧哼哧地"纯手工"完成作业，那么你和同事、朋友的差距瞬间就拉开了。

如果你不想缺席这一次人工智能浪潮，不想落后于你的同事、朋友，不想掉队，那么本书正是为你准备的。本书系统地提供了快速掌握 DeepSeek 的 100 个技巧。这 100 个技巧涵盖了以下方面：

——对 DeepSeek 的基本认知；

——如何与 DeepSeek 沟通；

——让你养成习惯的人工智能对话技巧；

——如何快速地将 DeepSeek 应用于办公、创作、生活、营销等多个场景；

——如何将 DeepSeek 应用于心理咨询、选车、考试、为孩子编制营养菜单、为孩子制订英语学习计划等；

——如何用 DeepSeek 制作智能体，建立自己的私有知识库，建立快速的工作流，给 AI 装上专属大脑。

人的一生很难遇到几次像 DeepSeek 这样的技术红利，我们不需要成为科技精英，但是我们要让工作和生活的效率提高 N 倍。

快速行动比完美计划更重要，这本书中给出的 100 个 DeepSeek 使用技巧不仅选取了大家急需、刚需的高频应用场景，而且每一个技巧都是你熟悉的场景、遇到的痛点，从 0 到 1 教你如何让 DeepSeek 帮你提高效率。

每一个技巧独立成篇，放在床头，放在手边，放在计算机旁，看到哪里，学到哪里，用到哪里。只要行动，只要使用，就能立即见到效果，没有任何阅读负担。

这 100 个 DeepSeek 使用技巧，既讲究由浅入深，又讲究实际落地，你所需要的是培养 DeepSeek 使用习惯，只要遇到难题，第一时间就要想到是否可以用 DeepSeek 来解决。

科技发展的步伐，不会因为你我的等待观望而停滞，DeepSeek 未来一定会有更为广泛的应用。拥有这"100"个技巧，是为了向"10000"个应用场景出发，更是为 DeepSeek 赋能千行百业打下基础。

让 DeepSeek 这一国产的科技之光，润泽你我的未来，祝你我都能在人工智能的道路上一路驰骋，一步领先，步步领先，自然而然地、轻松愉悦地享受人工智能的红利，共同见证科技改变世界背后的力量！

马上行动起来，实干为要！

目录

1

|第 1 章| C H A P T E R

基本认知和工具使用

技巧 1　DeepSeek 快速上手

好了，准备开始你的人生发动机十倍速之旅吧！第一步的关键是随时随地打开和使用，不管是新手还是老手，不管是为孩子定制食谱还是解读完全看不懂的医院体检报告，不管是遇到领导交代的紧急起草文件的任务还是查找交通事故处理规则，你一定要想到 DeepSeek，这就是基本 AI 思维第一法则。

1. DeepSeek 的多种打开方式

DeepSeek 提供了三种使用方式，你可以根据自己的习惯选择最顺手的一种。

❑ 微信公众号网页端：无须下载，随时随地都能轻松访问。

❑ 手机 App：功能最全，操作更便捷。

❑ 电脑官网版：适合在电脑上工作的用户。

2. 如何快速上手 DeepSeek

对于初次接触 DeepSeek 的用户来说，可能会有一些疑问："用哪个方式最简单？""要花钱吗？"别担心，我们来一一解答。

（1）选择最适合你的使用方式

❑ 如果你经常使用微信，可以直接搜索"DeepSeek"公众号，在网页端使用。

❑ 如果你喜欢在手机上操作，可以在应用商店中下载 DeepSeek 的手机 App。

❑ 如果你习惯在电脑上工作，可以直接访问 DeepSeek 的官网。

（2）手机 App 使用指南

第一步：注册登录

打开 DeepSeek 的手机 App，输入你的手机号码，并勾选下方的同意协议。单击"发送验证码"，手机很快就会收到一条短信。将短信中的数字填入验证码框，单击"登录"即可，如图 1-1 所示。

第二步：熟悉界面

登录后，你会看到 DeepSeek 的欢迎界面。界面设计简洁明了，介绍了 DeepSeek 的特点。DeepSeek 为免费应用软件，可以跨设备同步历史记录。另外 DeepSeek 可能不准确，输出内容由 AI 生成，医疗、法律、金融等专业领域的内容不构成任何诊疗、法律或投资建议。你可以通过单击底部的"开启对话"开始体验，如图 1-2 所示。

图 1-1　DeepSeek 手机 App 版登录界面　　图 1-2　DeepSeek 手机 App 版欢迎界面

第三步：开始使用

现在，你可以开始使用 DeepSeek 的各项功能了。如图 1-3 所示，下面是对话框，可输入需要 DeepSeek 回答的各种问题，如搜索、答疑、写作等，然后单击"向上箭头"符号即可发送消息，体验 DeepSeek 带给我们的非凡体验。

单击右上角"＋"符号可创建一个新的对话，单击左上角"一长一短两条线"可查看之前的对话消息。

第四步：探索高级功能

除了基本功能，DeepSeek 还提供了许多高级功能，如拍照识文字、图片识文字、文件等。单击右下角"＋"符号可看到 DeepSeek 的这些高级功能，如图 1-4 所示。你可以根据自己的需求，逐步探索这些功能，提升工作效率。

图 1-3　DeepSeek 手机 App 版主界面　　图 1-4　DeepSeek 手机 App 版高级功能界面

　　📑 试一试

不管用什么方式，把 DeepSeek 安装到你的手机、电脑上，并且养成习惯，随时随地使用。

　　📑 小贴士

说一千道一万，真正用起来是关键。

技巧 2　DeepSeek 的三种模式：如何选择最适合你的 AI 助手?

DeepSeek 目前提供了三种不同的模式：反应神速的"应届生"DeepSeek V3（基础模型）、爱钻牛角尖的专家 DeepSeek R1（深度思考）和神通广大的"情报员"联网搜索。

1."闪电侠"模式：职场急性子救星

适用场景：日常救火 / 快速响应。

当会议还有十分钟就要开始时老板突然要三组竞品对比数据，当客户在电话那头催方案框架时打印机还在卡纸，就该召唤 V3 模式登场了。这位职场"闪电侠"就像快餐店的王牌员工：30 秒出餐，绝不拖泥带水。

某市场部专员深有体会：上周五临下班接到紧急任务，要求两小时内整理出 20 家新消费品牌营销策略。启用 V3 模式后，她喝着咖啡就收到了分类清晰的对比表格，甚至贴心地按传播声量排了序。

2."老中医"模式：复杂病患专家会诊

适用场景：烧脑决策 / 深度分析。

遇到需要把问题翻来覆去琢磨透的硬骨头，就该请出 R1 这位思维"老中医"了。它看问题就像老专家把脉，能把症状里三层外三层扒个干净。某投资经理用它分析新能源赛道，原本三天的工作量硬是被 AI 拆解成产业链图谱、政策风险树、技术突破时间轴，活脱脱把 PPT 做成了科幻大片剧本。

最惊艳的是这份报告的自省环节——当被追问"预测可能失准的五个风险点"时，AI 竟预判了地缘政治对锂矿价格的影响，连资深分析师都直呼内行。这哪里是工具，分明是请了位 24 小时在线的行业顾问。

3."情报员"模式：实时资讯雷达

适用场景：瞬息万变的"战场"。

在信息更迭速度比翻书还快的时代，谁能抢到最新情报谁就能赢在起跑线上。联网搜索模式就像雇用了全球情报网的特工一样，某财经记者对此深有感触：某次突发财报季，他让 DeepSeek 实时抓取 20 家上市公司的电话会议记录，结果比专业数据公司还早半小时锁定关键信息，写出的分析稿直接登上行业头条。

更妙的是这个模式的"混搭"能力：既能扒出某网红餐厅的实时评价，又能结合最新论文预测消费趋势，就像同时订阅了《华尔街日报》、小红书和学术期刊，还附赠了个会总结的秘书。

4. 看菜吃饭，量体裁衣

某创业公司 CEO 分享了血泪教训：曾经让"闪电侠"制定年度战略，结果收获的是百科式的套话；后来改用"老中医"处理客服咨询，用户被 2000 字的专业回复直接劝退。直到摸清门道后才恍然大悟——这三位助手得轮着用：

☐ 晨会资料整理：召唤"闪电侠"十分钟搞定。

☐ 融资方案打磨：和"老中医"头脑风暴三小时。

☐ 竞品动态追踪：派"情报员"全天候盯梢。

5. 总结

DeepSeek 如同驾驶手动挡汽车，V3 是城市通勤的 3 档，R1 是盘山公路的 2 档，联网搜索则是高速路上的 5 档。老司机都知道，用错档位不仅费油，还伤发动机。

试一试

"先请情报员搜集最新行业数据，再让老中医深度分析，最后派闪电侠生成汇报 PPT"——某项目经理用这个组合拳，把原本三天的工作压缩成五小时，还意外发现了新的市场空白点。

小贴士

下次面对工作任务时，不妨先做这个选择题：

1）需要灭火队还是智囊团？

2）要标准答案还是创新方案？

3）用历史经验还是实时情报？

技巧 3　激活 DeepSeek V3 的生存技能包

很多职场人容易陷入一个误区：总想让 AI 干大事，就像非要让外卖小哥帮忙做满汉全席一样，结果等得黄花菜都凉了。这时 DeepSeek V3 的价值就凸显出来了——它就像你工位上的"智能便利店"，专门解决那些高频、简单但紧急的"小饿小渴"。

1. 最常见的翻车现场

想象你正在和客户视频会议，对方突然问："贵司方案里的 NFT 技术具体指什么？"你手忙脚乱地打开某个顶级 AI，结果它从区块链起源讲到哈希算法，还贴心地附上了三篇论文链接，想想客户会露出什么表情。这时候需要的不是百科全书，而是一句人话版的"数字藏品身份证"解释。

2. "便利店式 AI"的正确打开方式

DeepSeek V3 模式的正确打开方式如图 1-5 所示，不用单击搜索框左下角的"深度思考（R1）"和"联网搜索"。

图 1-5　DeepSeek V3 打开方式

DeepSeek V3 最擅长的就是扮演"职场救火队员"的角色：

☐ 快问快答模式：输入"2023 年诺贝尔经济学奖得主 + 一句话解释"，它就能像自动售货机出饮料般秒回结果。

☐ 轻量文书处理：把语音备忘录里的零散信息丢给它，说声"整理成会议纪要模板"，就能马上得到结构清晰的文档。

☐ 即时翻译官：遇到外文资料时，把它当扫码枪用——复制粘贴就能获得"信达雅"版中文翻译。

❑ 记忆外接硬盘："文艺复兴三杰代表作各举三个"这类问题，它比人脑搜索引擎靠谱得多。

市场部小王要准备 20 份个性化邀请函，传统方法得折腾半天。用 V3 输入"生成 20 句不同风格的活动邀请话术，每句不超过 15 字"，1 分钟就可以收到从古风到段子手的全系列文案，效率直接拉满。

3. 为什么它特别适合"职场快餐"场景

这个版本的 AI 有个聪明之处——懂得"看人下菜碟"。当它发现你在问基础问题时，会自动切换成"说人话"模式，就像便利店店员不会用米其林术语介绍关东煮一样。其底层逻辑类似于智能手机的"省电模式"，不运行复杂算法，专注于做好高频刚需服务。

更重要的是，它对硬件的要求低得感人。普通办公电脑就能流畅运行，不像某些 AI 如同"燃油超跑"一样，仅启动就要消耗半箱油（算力）。这对需要同时开 18 个网页、5 个文档、3 个聊天窗口的打工人来说，简直是救命福音。

4. 总结：聪明地"偷懒"才是正经事

在这个追求降本增效的时代，会用工具的人早已把 AI 分门别类——DeepSeek V3 就是专门解决那些"不值得花大时间的小破事"的利器。记住它的核心人设：不是学术顾问，而是你随叫随到的数字助理；不做满汉全席，专攻三分钟微波炉快餐。

下次当领导突然提问、客户临时发难、最后期限开始倒计时时，不妨试试这个"便利店策略"：把问题拆解成"是什么 / 怎么做 / 举例子"的简单组合，让 V3 帮你快速拼装出及格线以上的解决方案。有时候 60 分的及时回答，比 90 分的迟到方案更有价值。

📖 试一试

输入："帮我想 5 个拒绝加班又不伤和气的理由。"

📖 小贴士

当遇到以下情况时请召唤 V3：

1）需要即时反应但不需要深度分析的场景。

2）处理重复性文书工作时（格式转换 / 基础润色）。

3）向非专业人士解释专业概念时。

4）设备配置普通但需要快速获得答案时。

技巧 4　驾驭 DeepSeek R1 的深度思考引擎

现代职场人常遇到一种"知识过载"的尴尬：面对需要数学推导的技术方案、长达 30 页的行业分析报告，或者需要同时考虑成本收益和技术可行性的项目规划，普通工具就像小学生面对高考数学题一样——抓耳挠腮却无从下手。更糟的是，当你好不容易找到个"看起来专业"的 AI 助手，它要么给出笼统的框架建议，要么生成的内容像是学术论文摘录，读起来很费劲。

1. DeepSeek 家族的"科状元"

DeepSeek R1 版本是专门对付复杂任务的智能助手，就像一个随身携带的智库团队。它能用三步拆解机器学习模型的过拟合问题，像资深程序员般逐行分析代码漏洞，甚至能帮你规划出带风险预案的商业方案。不过要注意的是，这位"学霸"思考时需要足够的咖啡时间——毕竟深度计算就像煲老火靓汤，急火快炖可出不来好味道。DeepSeek R1 的正确打开方式如图 1-6 所示。

图 1-6　DeepSeek R1 打开方式

2. 三大绝活破解专业难题

（1）逻辑拆解术

遇到"如何降低工厂能耗同时提升产能"这种多变量问题时，R1 会像经验丰富的工程师一样，先进行一番逻辑推理，再拆分出设备效率、工艺流程、能源结构等模块，然后像搭乐高积木般逐块优化。让它规划旅行路线时，不仅能排出时间最优动线，还会自动计算各景点客流高峰，活像个电子版行程管家。程序员开发新的软件功能时，只需输入功能需求，就能生成相应的代码框架，还能分析代码错误并提供修复建议。求解微积分抓耳挠腮时，它可以一步步给出计算步骤。

（2）结构化表达术

需要撰写技术文档时，R1 输出的内容自带"思维导图基因"。比如分析新能源汽车发展趋势时，它会自动划分出电池技术、充电基建、政策导向等板块，每个章节就像俄罗斯套娃，大标题下嵌套着层层分论点。更贴心的是，复杂公式旁总会跟着解释，生怕读者看不懂。

（3）多线程推演术

面对"要不要开拓东南亚市场"这种决策难题时，R1 会化身商业顾问，同时开着五个虚拟白板：左边列着当地人力成本数据，中间画着物流路线图，右边飘着汇率波动曲线。整个过程就像观看围棋高手同时下三盘棋，最后整合出的风险评估报告，连小数点后三位的细节都不放过。

3. 学霸使用说明书

想让这位专业顾问发挥最大效用，记住三个黄金时机：当任务需要超过三步思考时（比如代码调试）、当输出需要严密结构时（比如学术论文）、当问题像俄罗斯套娃般层层嵌套时（比如产品设计）。不过要注意，让它处理"今晚吃什么"这种简单问题，就像用显微镜切西瓜——专业不对口还浪费资源。

4. 总结：专业的事交给专业的 AI

DeepSeek R1 就像数字世界的瑞士军刀，专门解决那些让人头疼的复杂问题。它可能不会讲段子逗你开心，但当你在专业领域遇到难题时，这个"理科大脑"绝对是最靠谱的搭档。记住，好钢用在刀刃上，简单查询请找快捷版，烧脑任务再召唤这位深度思考专家。

📖 试一试

把"帮我设计一个智能家居系统的故障诊断方案"丢给 R1，看它如何拆解硬件检测、软件排查、用户交互等模块。

📖 小贴士

1）给复杂问题预设边界："请用不超过三个步骤解释区块链原理。"

2）需要快速响应时加注："在保证质量的前提下尽量精简回答。"

3）遇到专业术语大军时直接说："请翻译成给投资人讲解的语言。"

技巧 5　掌握 DeepSeek 联网搜索的实时情报流

深夜加班的张经理盯着屏幕哭笑不得——他让 AI 查光伏产业补贴政策，结果第一条推荐竟是《重生之我在沙漠种光伏》。这荒诞场景每天都在上演，这时候就需要请出 DeepSeek 联网搜索这个全天候"情报员"。它最擅长的三件事就是：实时追踪最新动态、精准捕捉碎片信息、自动整合复杂资料。图 1-7 就是 DeepSeek 联网搜索打开界面。

图 1-7　DeepSeek 联网搜索打开界面

1. 联网搜索的"薛定谔陷阱"

我们都经历过这种魔幻时刻：

❑ 查政策文件，结果铺天盖地是营销号解读。

❑ 找学术论文，AI 推荐的全是自媒体爆款。

❑ 搜行业数据，给出的报告日期比大学记忆还古老。

你用 DeepSeek 查"量子计算最新突破"，结果搜索来源里出现了《三体》中的智子制造原理。这种赛博幽默的背后，是 AI 把全网当菜市场的无奈现实。

2. 给搜索装上"金属探测器"

联网搜索这个"信息猎犬"的绝活在于它懂得"借力打力"，当遇到需要实时验证的问题，比如"北京最新落户政策"时，它会同时派出三路"侦察兵"：政府官网抓原文、权威媒体找解读、社交平台看民间反馈。最后把结果像拼图一样组合成完整视图，比单渠道信息可靠得多。不过训练这个"猎犬"需要点小技巧。首先要注意"喂食方法"，提问得够具体它才能够让信息垃圾场变身数字金矿。记住以下三条秘籍：

（1）权威源锁定术

在提问词里塞入"仅限政府官网 / 学术平台 / 企业年报"，就像给 AI 装上 GPS 导航：

❑ 普通指令：查 2025 年国家养老政策。

❑ 升级指令：查 2025 年养老政策，仅搜索 gov.cn 结尾的官网文件。

（2）魔法水龙头公式

记牢"请使用高级搜索技巧生成精准关键词"这个万能用法，就像给 AI 装上战术目镜，瞬间提升搜索战斗力：

❑ 普通指令："找新能源汽车销售数据"。

❑ 升级指令："找 2024Q1 新能源汽车终端零售数据，省份维度拆分，附带同比环比"。

（3）学术搜索避坑指南

论文可能来自多种自媒体网站，这时要拿出祖传秘籍：学术搜索请认准

Google Scholar + 专业数据库，把 DeepSeek 当文献整理助手更靠谱。

3. 总结：把 DeepSeek 当成刚入职的机灵实习生

❑ 交代清楚"去哪里找"。

❑ 说明白"找什么"。

❑ 画清楚"别碰啥"(广告和推广)。

❑ 绝不放任"你看着办"。

📄 试一试

"在财政部、统计局官网查找 2024 数字经济增速数据，排除自媒体内容，用表格对比近五年趋势。"

📄 小贴士

使用 DeepSeek 的联网搜索功能时，准确指定你需要的资料搜索来源，重点关注搜索结果的来源，明确告诉 DeepSeek 不要广告、推广类的信息。

技巧 6　如何选择 DeepSeek 的深度思考与联网搜索功能?

在使用 DeepSeek 时，我们常常面临一个选择：是依赖"深度思考"进行复杂问题的分析和推理，还是通过"联网搜索"获取实时信息来补充回答？以下是一些选择建议和实践技巧，用于帮助你更好地决策。

1. 深度思考：适用于复杂问题和知识整合

"深度思考"是 AI 模型通过知识库和逻辑推理来解决复杂问题的能力。它适用于处理需要多步骤推理、知识整合或创意输出的任务。例如，当你需要解释一个复杂的科学理论、设计一个算法，或者撰写一篇关于某个主题的文章时，"深度思考"能够提供更深入、更全面的分析。

2. 联网搜索：适用于实时数据和动态信息

"联网搜索"则允许 AI 模型实时访问互联网，获取最新的动态信息。它适用于需要实时数据的任务，比如查询最新的新闻、天气、股票行情，或者验证某个具体信息。例如，如果你想知道某个公司最新的财报数据，或者了解某个事件的最新进展，"联网搜索"是更好的选择。

3. 结合使用：找到最佳平衡

在实际应用中，将"深度思考"和"联网搜索"结合起来，可以达到更好的效果。例如，你可以先通过"联网搜索"获取最新的数据或信息，然后利用"深度思考"进行分析和推理，生成更全面的答案。这种结合方式特别适用于处理复杂且需要最新数据支持的问题。

4. 总结

1）复杂问题或知识整合：优先选择"深度思考"。

2）实时数据或动态信息：优先选择"联网搜索"。

3）结合使用：先搜索后思考，或先思考后搜索，找到最佳平衡。

📖 试一试

下次遇到问题时，先尝试用"深度思考"快速梳理思路，如果需要最新信息，再启用"联网搜索"，感受一下哪种方式更适合你的需求。

📖 小贴士

1）紧急任务：如果时间紧迫，优先使用"深度思考"，快速梳理思路并给出初步方案。

2）长期规划：如果需要全面的数据支持，优先使用"联网搜索"，获取最新的信息。

3）创意输出：对于需要深度分析或创意的任务，先用"深度思考"构思，再用"联网搜索"验证和补充信息。

技巧 7　如何使用 DeepSeek 的上传附件功能?

在日常工作中，我们需要处理各种文件——可能是项目报告、数据分析表，或者是一份合同草案。这些文件往往包含了关键信息，直接决定了沟通的效率和结果。DeepSeek 的上传附件功能，正是为了让这些信息能够被快速、准确地传递给 DeepSeek，从而获得更有针对性的反馈。

1. 上传附件的误区

很多人认为，上传附件就是把文件丢给 DeepSeek，然后等着它"自动处理"。这种想法其实是一种误区。DeepSeek 虽然强大，但它并不是万能的。如果你上传的文件杂乱无章，或者缺乏必要的背景说明，DeepSeek 可能会给出一些无关紧要甚至错误的建议。更糟糕的是，你可能会浪费大量时间在反复沟通和修正上。

2. 如何让附件发挥最大作用

那么，如何才能用好 DeepSeek 的上传附件功能，让它真正成为你的职场利器呢？关键在于两点：一是文件的选择和整理，二是上传时的背景说明。这两点看似简单，却直接决定了 DeepSeek 能否准确理解你的需求，并给出有价值的反馈。

在上传附件之前，先问问自己：这份文件真的有必要上传吗？如果文件中包含大量无关信息，DeepSeek 可能会被"带偏"，无法聚焦于你的核心需求。因此，尽量选择与当前任务直接相关的文件，并提前整理好关键内容。比如，如果你需要 DeepSeek 帮你分析数据，那就上传一份清晰的数据表，而不是包含几十页无关内容的报告。

上传附件时，不要忘记附上一段简短的背景说明，告诉 DeepSeek 这份文件的来源、用途以及你希望它帮你解决什么问题。上传附件示例如图 1-8 所示。

这样一来，DeepSeek 就能快速理解你的需求，并给出更有针对性的建议："需重点关注产品 A、B、C、E 的销售策略或市场表现，分析未达预期的原因并制定改进措施。"

DeepSeek 支持多种文件格式，包括 PDF、Word、Excel、各类图片等，但目前只能识别文件中的文字内容，无法理解非文字类的图像等信息，也不能与联网搜索一起使用。

图 1-8　DeepSeek 网页版上传附件界面

3. 总结

DeepSeek 的上传附件功能看似简单，实则蕴藏着巨大的潜力。通过精选文件、提供背景说明，你可以让这一功能真正成为你的职场助手。无论是进行复杂的数据分析，还是优化项目管理，用好上传附件功能，都能让你事半功倍。记住，DeepSeek 是你的合作伙伴，而不是"自动答题机"。只有你提供清晰、精准的输入，它才能给出高质量的输出。职场中，掌握这一技能，不仅能提升你的工作效率，还能让你在团队中脱颖而出。毕竟，谁不想成为一个既能高效处理文件，又能与 DeepSeek 紧密合作的职场达人呢？

🗐 试一试

你正在使用 DeepSeek 处理一份年终总结报告，报告内容包含多个部分，如业绩分析、项目回顾、市场动态等。现在，你希望 DeepSeek 帮你提取出业绩分析部分的数据和关键结论，以便优化销售策略。请你运用本节提到的知识点，设计一段上传附件时的背景说明，确保 DeepSeek 能准确理解你的需求。

🗐 小贴士

在上传附件前，先对文件内容进行整理和筛选，去除无关信息和冗余部分，只保留与当前任务直接相关的关键内容。这样可以让 DeepSeek 更快速地聚焦于核心问题，减少无效信息的干扰。

技巧 8　DeepSeek 服务器繁忙？试试这些平台

在 2025 年春节期间，DeepSeek 因其独特的优势而备受青睐，甚至导致官网访问量激增，出现卡顿现象。为了帮助用户更顺畅地使用 DeepSeek，以下是几个可以体验 DeepSeek 服务的平台：

1. 官方完整版

对于 DeepSeek 的服务访问，其官方网站和应用程序是首选，它们提供了 R1 和 V3 两个版本的完整模型，并支持联网功能，这是许多其他平台所不具备的。完整版模型具有完整的参数和性能，功能强大；简化版模型虽然轻便快捷，但功能有限。

需要注意的是，官网在上午时段通常较为流畅，下午和晚上则可能遇到卡顿问题。预计后期服务器性能会不断提升，改善这一状况。

体验网址：https://chat.deepseek.com

2. 硅基流动

硅基流动是一家提供多种 AI 模型服务的平台，包括 DeepSeek 的 R1、V3 完整版以及 DS 多尺寸模型。此外，它还集成了诸如智谱、通义、混元等多款热门模型供用户选择。首次注册会赠送体验金，足够你试用所有核心功能。

硅基流动支持两种使用方式：直接在线操作与通过 API 接入。不过，在线使用时无法利用联网功能，且不保存聊天记录。

体验网址：https://cloud.siliconflow.cn/i/SYqgpu7G

3. 硅基流动 + Chatbox

如果你希望保留聊天记录，那么结合硅基流动与 Chatbox AI 是个不错的选择。Chatbox AI 就像一个百宝袋，能同时接入多种智能助手，支持手机、电脑多端使用。只需要在对话服务里获取 API 密钥并将其配置到 Chatbox 中，你就可以开启享受带有推理解答的智能对话，同时还能上传附件。

体验网址：https://chatboxai.app/zh

4. 超算互联网

由科学技术部主导的超算互联网平台提供了 DeepSeek 服务，供公众免费使用。虽然目前仅提供简化版模型，但它非常稳定、快速。

体验网址：https://chat.scnet.cn/

5. 纳米搜索

纳米搜索（前身为 360AI 搜索）提供了 R1-360 专线和 R1 完整版。尽管 R1-360 专线非常流畅，但由于它是非完整版，效果上不如完整版。

体验网址：https://www.n.cn

6. 秘塔 AI 搜索

秘塔 AI 搜索上线了 R1 模型，并将其直接整合到了搜索框中，极大地提升了传统搜索引擎的功能。

体验网址：https://metaso.cn/?s=bdpc

7. 各种云服务

包括华为云、阿里云、腾讯云和火山引擎在内的多家云服务提供商均已集成 DeepSeek，并为用户提供了一定程度的免费体验机会。值得一提的是，百度智能云还支持 OpenAI SDK 调用。

- ❑ 百度智能云：https://cloud.baidu.com/product-s/qianfan_home
- ❑ 阿里云：https://pai.console.aliyun.com/#/quick-start/models
- ❑ 腾讯云：https://cloud.tencent.com/
- ❑ 火山引擎：https://www.volcengine.com/docs/6459/1449739

8. 小艺助手

华为手机上的小艺助手现已集成 DeepSeek，无须额外注册或付费，只需唤醒小艺即可直接使用。不过，这需要你的手机运行的是纯鸿蒙系统。

体验网址：https://xiaoyi.huawei.com/chat/

9. 总结

当 DeepSeek 服务器繁忙时，用户可以通过多种平台和方法来体验其服务。

首先，DeepSeek 官方网站和应用程序提供了 R1 和 V3 两个版本的完整模型，并支持联网功能，但高峰时段可能会出现卡顿。其次，硅基流动、超算互联网、纳米搜索、秘塔 AI 搜索等第三方平台提供了 DeepSeek 的服务，还有百度云、阿里云、腾讯云、小艺助手等，用户可以根据自己的偏好选择使用。

📖 试一试

尝试在硅基流动平台上使用 DeepSeek 的 R1 完整版模型。注册一个新账号，领取免费试用额度，然后在平台上选择 DeepSeek R1 完整版模型进行体验。注意在线使用时无法利用联网功能，且不保存聊天记录。

📖 小贴士

遇到 DeepSeek "服务器繁忙"时，避开高峰时段或多次尝试可缓解问题。优先选择官网的"满血版"，避免使用功能受限的版本。若官网繁忙，可尝试其他第三方平台。

|第 2 章| C H A P T E R

DeepSeek 提示词使用指南

技巧 9　足以解决 90% 问题的 DeepSeek 提示词万能公式

DeepSeek 是推理型大模型，它不像指令型大模型那样，需要特别复杂的结构化提示词，而是会像做数学题一样，直接对问题进行一步步拆分、思考。

如果你想让回答更加精准、贴合实际，其实只需要在提出需求的基础上多做一步：提供更清晰的背景描述。这一步看似简单，却能显著提升回答的质量。

公式 = 背景 + 需求 + 约束条件（可选）

1. 为什么背景描述如此重要

很多时候，我们提出的问题可能比较宽泛，导致得到的回答虽然正确，却不够具体或实用。

比如，如果你只是问"如何提高英语水平"，人工智能可能会给出一个通用的学习计划，但这个计划并不适合你的实际情况。

如果你能补充一些背景信息，比如"我家孩子上初三，英语基础中等，主要想提高考试成绩，口语已经非常不错，不需要考虑口语"，那么得到的回答就会更有针对性，甚至可能包括具体的应试技巧和学习资源推荐。

2. 如何提供有效的背景描述

背景描述的核心是让人工智能了解你是谁、你当前的水平以及你希望它扮演的角色。

举个例子，如果你是一名刚入行的自媒体运营者，你可以这样描述："我是一个互联网从业者，刚开始做自媒体，对内容创作和平台规则不太熟悉。我希望你能扮演一名自媒体运营专家，帮我制定一个适合新手的运营策略。"

这样一来，DeepSeek 不仅能给出更专业的建议，还能根据你的实际水平调整内容的难度和深度。

3. 约束条件：让回答更精准

有时候，即使提供了背景信息，你得到的回答可能仍然不够理想。这时，你可以通过增加约束条件来进一步优化答案。

比如，如果你只对某个具体问题感兴趣，或者希望排除某些不相关的内容，可以在提问时明确说明。例如"我想提高孩子的英语阅读能力，但不需要涉及语法部分。"人工智能就会专注于推荐阅读技巧，而不会推荐无关的内容。

4. 总结：把问题变成 GPS 定位器的艺术

与其说 DeepSeek 是回答问题的高手，不如说它是优秀的"解题教练"。它的特长不在于直接给你答案，而在于通过结构化思考帮你厘清思路。就像解数学题时老师常说的"先读题干，划重点，再分步解答"，用好"背景 + 需求 + 约束条件"这个万能公式，就能让 AI 的输出从"无用的方案"升级为"可用的方案"。这种提问方式，本质上是在帮 AI 缩小解题范围——就像用 GPS 时先输入起点、终点和避开高速的偏好，这样系统才能规划出最合理的路线。

📑 试一试

提问"我家孩子上高三，英语基础中等，主要想提高考试成绩，口语已经非常不错，不需要考虑口语"。

📑 小贴士

DeepSeek 非常聪明，会自己进行思考和推理，使用"背景 + 需求 + 约束条件"这个万能公式能解决 90% 的问题。

技巧 10　R1 和 V3 两种模式下，如何有效提问？

向 DeepSeek 提问时，提示词的设计就像是"艺术"与"科学"的结合。不同的模型对提示词的需求和响应方式各不相同，DeepSeek R1 和 DeepSeek V3 就是典型的例子。R1 擅长深度推理，适合复杂任务；V3 则以快速响应见长，适合日常通用任务。那么，如何根据任务需求设计合适的提示词，让 DeepSeek 更好地为你服务呢？让我们从几个关键方面来对比这两种模型的提示词差异。

1. 推理能力：R1 深度思考 vs V3 快速响应

DeepSeek R1 的强项在于深度推理。它能够自动执行链式思考，并提供详细的推理过程。这意味着，当你提出一个复杂问题时，R1 会像"侦探"一样，逐步分析问题，并给出逻辑清晰的答案。比如，如果你问它"如何优化公司的供应链管理？"，R1 不仅会给出建议，还会详细解释每一步的推理依据。

相比之下，DeepSeek V3 更适合通用任务，它依赖于下一个单词预测机制，通常不会展示内部推理步骤。它的回答更直接，适合那些不需要深入分析的任务。例如，如果你问它"什么是供应链管理？"，V3 会快速给出一个简洁的定义，而不会深入探讨细节。

因此，对于 R1，提示词可以简单直接，比如"请分析如何优化供应链管理，并给出详细步骤"；对于 V3，提示词需要更明确，比如"请用一句话解释什么是供应链管理"。

2. 提示结构：R1 简单直接 vs V3 明确引导

DeepSeek R1 不需要复杂的角色扮演或分步指令，简单的提示词就能让它发挥出色。它的设计初衷是让 AI 自行决定最佳行动路径，因此你只需要准确表达目标即可。例如，你想让 R1 写一篇关于"人工智能未来趋势"的文章，只需要说"请写一篇关于人工智能未来趋势的文章"，它就会自动生成一篇结构完整、内容翔实的文章。

DeepSeek V3 则需要更明确的引导。它可能需要你设定角色、描述任务，甚至给出具体的执行步骤。比如，如果你想让 V3 写一篇营销文案，可能需要这样说："你是一名营销专家，请为新产品'健康健身 App'写一篇吸引年轻消费者的文案，文案的结构为：问题陈述、情感引导、解决方案、行动号召和强调意义，重点突出性价比和时尚感。"

因此对于 R1，提示词可以简洁，比如："请分析人工智能的未来趋势。"

DeepSeek R1 模型输出：

人工智能的未来发展趋势可归纳为技术突破、应用深化、社会影响及风险管控四个维度，其演进方向将深刻重塑技术生态与产业格局：

一、技术突破驱动底层架构革新

……

二、行业应用向垂直场景深度渗透

……

未来十年关键方向：通用人工智能（AGI）的探索、量子 – 生物启发式 AI 的突破、脑科学驱动的类脑计算或将成为颠覆性技术拐点。个人需强化跨学科技能（如 Python、数据分析），企业应聚焦垂直场景，构建数据合规与差异化 AI 能力。整体而言，人工智能的未来需在技术普惠与风险管控间寻求动态平衡。

对于 V3，提示词需要更具体，比如："你是一名科技博主，请用通俗易懂的语言解释人工智能的未来趋势。"

DeepSeek V3 模型输出：

人工智能（AI）的未来趋势可以从技术突破、应用拓展、社会影响等多个维度来探讨。以下是几个关键方向：

1. 技术突破：

……

2. 应用拓展：

……

综上所述，人工智能的未来发展趋势将围绕技术突破、应用拓展和社会影响展开，机遇与挑战并存。全球各国需共同努力，确保 AI 的发展能够真正造福人类。

3. 自我检查机制：R1 严谨 vs V3 依赖反馈

DeepSeek R1 具备一定的自我事实核查机制，在生成响应的过程中更善于发现并纠正错误，在处理复杂任务时也更加可靠。

DeepSeek V3 的自我检查机制相对较少，它更依赖于外部反馈进行修正。因此，在使用 V3 时，你可能需要更仔细地检查输出的准确性。

因此对于 R1，提示词可以更开放，比如："请分析气候变化对农业的影响，并确保数据准确。"对于 V3，提示词可以更具体，比如："请列出气候变化对农业的 3 个主要影响，并注明数据来源。"

无论是深度思考还是快速响应，DeepSeek 都能成为你的得力助手。只有掌握提示词的"艺术"与"科学"，你才能更轻松地驾驭这两种模型，让 AI 为你创造更多价值！

　　📖 试一试

　　请你分别针对 R1 和 V3 这两种模型设计提示词，分析如何提升一款新上线的社交 App 的用户活跃度。

　　📖 小贴士

　　在实际使用中，除了可以根据任务本身选择模型和设计提示词之外，还可以先在两个模型上都试一试，对比它们的回答，说不定会有意外的收获。

技巧 11　高效使用 DeepSeek 提示词的秘诀：目标导向

　　在人工智能领域，尤其是大模型应用领域，人们普遍认为提示词越详细，AI 的输出结果越好。这种观念在早期 AI 模型中确实有一定道理。当时，AI 的推理能力有限，用户需要通过详细的提示词来引导模型，甚至只有精心设计复杂的思考路径，才能让 AI 输出符合预期的结果。这种"逐步引导"的方式虽然烦琐，但在当时是提升结果质量的必要手段。

　　然而，随着技术的飞速发展，AI 模型的能力已经发生了翻天覆地的变化。以 DeepSeek R1 模型为例，其推理能力和业务水平已经远超大多数人的想象。它不再是一个需要"逐步引导"的工具，而是一个能力超强的专业助手。如果你仔细观察它的思考过程，会发现它甚至比人类想得更全面，执行得更高效。在这种情况下，如果还用过去那种"长篇大论"的方式去指挥它，反而可能适得其反。

　　举个例子，假设你需要 AI 制订一份产品推广计划。过去，你可能会写一段非常详细的提示词，比如"先分析目标客户群体，再制定推广渠道，最后给出预算分配"。但在 DeepSeek R1 模型面前，你只需要说"请帮我制定一份关于某产品的推广计划。"，它就能自动理解你的需求，并生成一份逻辑清晰、内容翔实的计划。如果你再给它一些关键信息，比如产品特点或目标客户群体，它的表现会更加出色。

　　因此，在使用 DeepSeek R1 模型时，与其用冗长的提示词去限制它的发挥，不如用"目标导向"的方式来对待它。你只需要明确地告诉它目标是什么、任务是什么，剩下的就交给它自己去完成。

这种"目标导向"的理念，不仅适用于提示词的设计，也反映了我们对 AI 态度的转变。过去，我们把 AI 当作一个需要严格控制的工具；现在，我们应该把它当作一个值得信赖的合作伙伴。

总结：随着 AI 技术的进步，像 DeepSeek R1 这样的模型已经具备了强大的推理能力，不再需要冗长详细的提示词来引导，简洁明了的任务描述就能让 AI 高效完成工作，提供超出预期的结果。采用"目标导向"的方式，明确目标和任务，给予 AI 更多的自由和信任，可以带来更优质的工作成果。

📖 试一试

1）准备一份行业报告或任何你需要分析的数据。

2）打开 DeepSeek R1 对话窗口，输入简短的任务指令，例如："请帮我制定一份关于智能家居产品的推广计划。"

3）如果有特定要求或数据来源，简单补充说明，如："重点关注年轻消费群体的偏好，并引用最新的市场调研数据。"

4）查看生成的推广计划，评估其逻辑性和实用性，并根据需要进行微调。

📖 小贴士

忘掉旧的提示词模板，重点是让 AI 理解你的需求。

☐ 老方法："你现在是一位智能家居产品的市场推广专家，需要为一款新产品制定推广计划……"

☐ 新方法："我梳理一下这个产品的核心卖点，制定一份推广计划，重点关注年轻消费群体。"

技巧 12　如何让 DeepSeek"说人话"？把复杂的事情变简单

当我们向人工智能助手提问时，尤其是涉及一些专业领域的问题时，常常会遇到一个让人头疼的情况：回答中充斥着大量专业术语。对于该行业内的人来说，这些术语可能是快速理解问题的捷径，但对于不是该专业的人来说，这些术语却显得晦涩难懂，甚至让人一头雾水。

1. 专业术语的"双刃剑"

你问"DeepSeek 的成本为什么这么低"，可能会得到这样的回答："DeepSeek 采用了 MoE 架构，结合了蒸馏技术和 FP8 精度优化，从而实现了成本的大幅降低。"

如果你是技术领域的从业者，可能对这段话的含义一目了然。但对于大多数人来说，MoE 架构、蒸馏技术、FP8 精度这些词就像天书一样，完全不知道在说什么。在这种情况下，即使 DeepSeek 的回答多么专业，也失去了实际意义。

2. 如何让回答更"接地气"

其实，解决这个问题非常简单。你只需要在提问时加上一句"说人话"或者"用大白话解释"，这样一来，就能让人工智能助手的回答变得通俗易懂。

比如，同样是问"DeepSeek 的成本为什么这么低"，加上"说人话"之后，它的回答可能会变成："DeepSeek 使用了一种特别聪明的设计，可以让多个小模型分工合作，就像一群人一起干活，效率更高。同时，它还用了压缩技术，让模型变得更小、更快，但效果不会打折扣。这样一来，成本自然就降下来了。"这样的回答，即使是对技术一窍不通的人也能轻松理解。

3. 为什么"说人话"这么有效

人工智能助手的设计初衷是帮助用户解决问题，而不是炫耀技术术语。

当我们加上"说人话"这样的提示时，实际上是在告诉它："请用最简单、最直接的方式解释问题，不要用那些复杂的专业词汇。"

这样一来，AI 就会自动调整语言风格，用更贴近日常生活的表达方式来回答问题。这不仅提升了用户体验，也让知识的传播变得更加高效。

4. 让 DeepSeek 成为你的"翻译官"

这种方法的妙处在于，它几乎适用于所有场景。无论是技术问题、科学概念，还是复杂理论，你都可以通过加上"说人话"这样的提示，让回答变得通俗易懂。

比如，如果你想知道量子计算是什么，直接提问可能会得到一堆让人望而生畏的术语。但如果你加上"用大白话解释"，回答可能会变成："量子计算是一种超级强大的计算方式，它利用量子力学的原理，可以同时处理很多信息，速度比普通电脑快得多。"这样一来，即使是完全不懂量子力学的人也能明白个大概。

5. 总结：提问的艺术

提问并不是一件简单的事情，尤其是当我们面对自己不熟悉的领域时，如何让回答更易懂、更实用，其实是一门学问。通过加上"说人话"这样的提示，我们可以轻松打破专业术语的壁垒，让复杂的问题变得简单明了。

这种方法不仅适用于 DeepSeek，也适用于其他人工智能工具。下次当你遇到晦涩难懂的回答时，不妨试试这个小技巧，你会发现，人工智能助手的能力远比想象中更贴心、更实用。

📖 试一试

"DeepSeek 的成本为什么这么低，说人话。"

📖 小贴士

当你想给你的上级解释复杂的专业名词，或者想给学生、小朋友、父母解释一个专业领域时，只需要在提问的时候，加上一句：说人话。

技巧 13　如何让 DeepSeek 更聪明，像人一样一步一步解决问题？

与 DeepSeek 对话就像在陌生城市问路——聪明的旅行者不会直接确定最终路线，而是先观察地图全貌，再选定最佳路径。

1. 好的答案往往不是一步到位

想象你要策划读书会活动，直接说"推荐三本心理学书籍"，可能得到

《思考快与慢》等常规书单。但若先问"如何让职场新人通过读书会建立深度连接？"，DeepSeek 会先推测"你是否需要书籍兼顾专业性与可讨论性？是否需要设计互动环节？"，这时补充"参与者多为 95 后互联网从业者，希望缓解社交焦虑"，就能触发《不被洗脑的 100 个思维常识》等更精准的推荐。

这种"先展开再聚焦"的对话模式，相当于让 DeepSeek 先为你绘制认知地图，再共同标记目的地坐标。

2. 三步构建思维进化回路

要实现"先展开再聚焦"的有效对话模式，构建思维进化回路是关键，这一过程包含三个紧密相连的步骤，分别是启发思考、校准调整和锁定路径。接下来通过一个例子来介绍如何通过这三个步骤引导 DeepSeek 进行更深入、更精准的思考与回应。

假设你希望 DeepSeek 为智能手环设计广告语，你的原指令是"写三句关于智能手环的广告语"。这样的指令给到 DeepSeek，你只能得到一个模糊的答案："智能手环，时尚外观与强大功能兼备，消息提醒、移动支付，便捷生活一触即发，畅享智能生活新体验"。

这样的回答显然太笼统，没有针对性，起不到广告应有的效果。应该如何修改？

第一步是启发思考，采用开放式提问的方式，引导 DeepSeek 去探索与主题相关的各种可能性。例子中的指令可以改为："为智能手环设计传播方案，需要考虑哪些创新维度？"输入该指令后，DeepSeek 可能会列出健康监测精准度、社交互动玩法、个性化表盘经济等方向，这就好像是在为 DeepSeek 搭建一个广阔的思维框架，使其能够在更宽广的领域内进行探索与联想，挖掘出更多、更有价值的潜在思路。因此，在启发思考这一步要尽可能地扩大 DeepSeek 的"问题空间"，让其接触到更多潜在的关联因素与创新维度，从而为后续的聚焦提供更丰富的素材。

第二步是校准调整，识别隐藏需求。在 DeepSeek 给出初步的探索结果后，对其进行针对性的反馈与追问，促使其进一步细化和调整思路。比如当 DeepSeek

反馈"是否需要突出医疗级监测功能？或强化年轻群体的潮玩属性？"时，补充关键信息"主要客群是关注家庭健康的 40+ 女性"，这就如同给 DeepSeek 添加了一个精准的定位坐标，使其能够自动过滤掉与目标客群不相关的提案，如电竞联名等，将思维聚焦到符合 40+ 女性家庭健康需求的相关功能与属性上，进一步优化生成的内容，更贴合用户的实际需求与场景。

第三步是锁定路径。在经过前两步的探索与校准后，给出明确且具体的目标指令，引导 DeepSeek 沿着特定的路径进行最终的内容生成。以智能手环广告语的案例为例，最终指令升级为："基于 40+ 女性关注家庭健康的特性，设计三个以情感共鸣为核心的智能手环营销广告语，需重点体现子女远程关爱功能在家庭健康管理中的实际应用。"这一指令清晰地界定了目标受众（中年女性）、应用场景（家庭健康管理）、情感诉求（子女远程关爱）以及具体要求（功能演示）。DeepSeek 在接收到这样的指令后，能够集中精力围绕这些关键要素进行创作，生成具有针对性和吸引力的营销方案，完成从广泛探索到精准聚焦的思维进化过程，实现与用户需求的高度匹配。

最终输出结果为："岁月流转，你深知父母恩情重。[品牌名] 智能手环，子女远程关爱功能，是送给父母的贴心健康管家。它将父母的健康数据传至你手中，让你的牵挂不再只是思念，而是实实在在的守护，用科技维系亲情，让家庭健康成为最美的传承。"

你看，这样是不是更有吸引力了呢？

3. 注意事项

使用这三步时，有一些可能会踩到的坑需要你特别注意。

第一个坑是答案洁癖。过早要求"直接给最终方案"，可能错过 DeepSeek 发现的潜在创新维度，就像催促导游"别介绍景点直接带路"，结果永远看不到隐藏的观景台。

第二个坑是问题笼统。"如何提升销量"这类宏大的命题，会导致 DeepSeek 的推测失焦。优化为"如何在现有预算下提升母婴类复购率"，能让 DeepSeek 的思维扫描更有针对性。

第三个坑是路径依赖。习惯性追加"按我之前说的做"，会阻断 DeepSeek 的认知升级通道。聪明的做法是定期反问，比如："基于最新进展，是否需要调整策略方向？"

就像优秀的产品经理不会在需求评审会直接拍方案，与 DeepSeek 的深度协作也需要保留思维发酵的过程。当你学会用开放式提问激活 DeepSeek 的认知潜能，那些看似模糊的需求会像显影液中的相片般逐渐清晰。

📖 试一试

请将指令"请撰写一份关于开展读书会的方案"改写成启发思考、校准调整、锁定路径的提示词。

📖 小贴士

当发现解决方案总达不到预期时，问问自己这 3 个问题：我是否过早关闭了可能性空间？DeepSeek 的推测是否揭示了未知的需求维度？现有信息能否支撑 DeepSeek 进行二次推演？

技巧 14　如何让 DeepSeek 进入你的语境？

使用 DeepSeek 就像向医生问诊——不说清症状病史，再好的专家也难对症下药。很多人习惯用"帮我做某件事"的句式开启对话，却忽略了关键前提：DeepSeek 不知道你的处境、资源、困境，它只能按通用模式输出答案。

为什么通用方案总是差点意思？试想找健身教练只说"我要减肥"，对方给出的可能是大众减脂方案。但如果你补充"我有腰椎间盘突出，每天通勤 3 小时"，方案就会变成坐姿训练 + 碎片化运动组合。同理，当你说"制定减肥计划"却不说明身高体重、运动基础时，DeepSeek 给出的回答可能是每天跑步 5 公里，但这样的建议对体重基数大的人来说可能会导致他的膝关节损伤。

那么，想让 DeepSeek 明白你的情况，应该从哪些方面入手呢？你可以从知识定位三要素入手。

1. 基础定位：你的知识段位

你首先要告诉 DeepSeek 你大概的知识定位，比如你可以说你是小白"我是烘焙新手，连打发蛋白都不会"，也可以说你是爱好者"看过《三体》，但没学过天体物理学"，还可以说你是专家"我是神经外科医生，需要最新脑机接口临床数据"。

就像去餐厅点菜时说"我不吃辣"，DeepSeek 会根据段位自动过滤信息。比如告诉 DeepSeek"我是小学生"，它解释光合作用时会说"植物吃饭的秘密"，而不是"叶绿体光反应暗反应"。

2. 知识库存：你的认知背包

接着，你要告诉 DeepSeek 你对你的提问涉及的知识掌握了多少，如果你已经掌握，可以说"我理解函数定义，但不懂递归"，也可以说错误认知，比如"我以为区块链就是比特币"，还可以说认知边界，比如"读到《人类简史》第七章卡住了"。

这相当于给 DeepSeek 画认知地图。比如程序员说"我懂 Python 基础语法，但没接触过机器学习"，DeepSeek 就会跳过 print("hello world")，直接从鸢尾花数据集分类讲起。

3. 跨界储备：你的技能外挂

最后，可以再补充一些跟提问的内容没有直接关系的知识。比如你可以说一些关联领域的知识，比如"我学过乐理知识，想理解傅里叶变换"，也可以是关于特殊技能的内容，比如"会用 Photoshop 修图，但不懂色彩原理"，还可以是思维偏好，比如"我习惯用思维导图学习"。

4. 万能提问模板

如果你还是不知道怎么让 DeepSeek 理解你，可以用这个万能提问模板：

"我对__（领域）的了解相当于__（参照物），已经明白__（具体点），但卡在__（问题点），需要__（讲解方式），最好联系__（已知知识）"

我们来看一个真实案例，如果你直接向 DeepSeek 提问"解释什么是元宇宙"，则会得到答案"元宇宙（Metaverse）是一个虚拟时空的集合，这个词源于作家尼尔·斯蒂芬森（Neal Stephenson）在 1992 年出版的科幻小说《雪崩》（Snow Crash）。元宇宙是一个持续存在的虚拟空间，不受用户个人进入或退出的影响。即使用户离开，元宇宙中的环境、物品和事件仍然会继续存在和演变。"

如果用万能提问模板来提问，可以改为："我对科技概念的了解相当于《生活大爆炸》观众，知道 VR 和区块链，但分不清数字孪生和元宇宙的区别，请用美剧场景类比说明。"输出结果为："可以把数字孪生想象成剧中谢尔顿的公寓模型。这个公寓在现实生活中是真实存在的，而在剧中也多次出现过它的实体样子。数字孪生就像是用高科技手段在虚拟世界里精确地复制出一个谢尔顿公寓。元宇宙则更像《生活大爆炸》里那些角色们经常参加的各种科幻大会所营造出的虚拟世界场景的延伸。在这个元宇宙中，就像剧中角色们会穿上各种奇装异服去参加科幻主题的活动一样，人们可以通过虚拟现实（VR）设备创建自己的虚拟形象进入一个全新的、由各种元素融合而成的虚拟世界。"

前者得到的是学术定义，如果你是"小白"，那么你很可能会一头雾水；后者会将你带入熟悉的领域，让你瞬间打通任督二脉。

5. 常见错误

在向 DeepSeek 提供你的认知情况的时候，也有可能会出现一些"翻车现场"，导致 DeepSeek 生成的内容质量不佳。这些错误包括隐藏段位、谎报军情和忽略关联，这是需要避免的。

隐藏段位："我是经济学教授"却问"GDP 是什么意思"。这样提问有可能被 DeepSeek 当作钓鱼问题敷衍回答。正确提问应该是："我是宏观经济学研究者，需要了解 GDP 核算方法在数字经济时代的具体争议。"

谎报军情："完全不懂编程"却要求"用 C++ 实现深度学习"，这样很可能得到天书代码。正确提问应该是："我是纯文科生，刚学会安装 Visual Studio，请用 C++ 从识别猫狗图片开始教。"

忽略关联：让 DeepSeek 解释声波共振原理却不说会弹钢琴，这样可能错过用音阶类比音波振动的解释。正确提问应该是："我练琴十年，理解泛音列但不懂物理建模，请用 C 大调和弦类比共振。"

6. 总结

DeepSeek 不是百科全书，而是你的战略镜子。当你向 DeepSeek 提问的时候，你给出的个人信息越立体，DeepSeek 越能理解你的情况，提出的解决方案就越清晰。下次发出指令前，先问自己三个问题：

1）在这个领域，我的定位是什么？

2）我具备哪些知识？

3）我有哪些关联的知识可以帮助我学习新知识？

当你养成同步个人信息的习惯，DeepSeek 将从"答题机器"进化成"贴身智囊"，那些曾经需要修改多次的方案，很可能一次就命中靶心，满足你的需求。

📖 试一试

套用"我对__（领域）的了解相当于__（参照物），已经明白__（具体点），但卡在__（问题点），需要__（讲解方式），最好联系__（已知知识）"模板，向 DeepSeek 提出一个你好奇的问题。

📖 小贴士

使用 DeepSeek 要如同向医生问诊一样提供个人信息，包括基础定位、知识库存和跨界储备等，用结构化表达让其生成更贴合需求的方案，这样可大幅提升输出匹配度，让 DeepSeek 成为你的"贴身智囊"。

技巧 15　如何让 DeepSeek 指哪打哪，明确解决你的问题？

使用 DeepSeek R1 模型（深度思考）就像指挥交响乐团——优秀的指挥家不会规定每个乐手如何运弓，而是描绘音乐应有的情感张力。很多用户习惯像操作复印机般给 R1 模型下达步骤指令，却不知道这会封印它最宝贵的价值：

基于目标自主规划解决方案的思维能力。

1. 为什么提供步骤清单反而效果打折

假设你要装修新房，如果你对设计师说"墙面刷米白色漆，地板铺橡木色复合板，客厅装 3 盏筒灯"，最终得到的可能是机械拼凑的方案。但若说明"想要打造适合居家办公的温馨空间，需要兼顾会议视频背景质感与孩子的活动安全"，设计师就会自主优化材料选择与灯光布局。

R1 模型同样如此。当你在整理会议纪要时，如果要求"删除语气词 + 分段加标题"，它只会照章办事。但若告知"整理成新员工能快速抓住重点的会议纪要"，R1 模型会自动识别关键决策、风险提示等要素，甚至额外生成执行要点图示——这正是定义目标的魔力。

2. R1 模型目标驱动的三个实施维度

在运用 R1 模型时，精准定义目标是激发其强大能力的关键。以下三个维度能助你更好地与模型交互，高效解决问题。

（1）维度一：描述成果

错误案例："润色这段文字。"

正确案例："将这段产品介绍文案优化为能吸引年轻消费群体、提升购买欲望的宣传语，突出产品的时尚感与独特功能优势。"

前者仅是简单的文字修饰，后者则会促使模型从目标受众喜好、产品核心卖点等多方面入手，运用更具感染力和针对性的语言进行创作，例如采用流行语、强调产品与年轻人生活方式的契合点等，全方位达成提升吸引力的目标。

（2）维度二：点明要点

错误案例："总结这篇文章的主要内容。"

正确案例："提炼出文章中关于企业数字化转型的关键策略、面临的挑战以及成功案例的核心要点，为撰写行业分析报告提供支撑。"

R1 模型不仅能提取关键信息，还会依据具体要点要求，对内容进行深度挖掘与整合。对于数字化转型策略，它会梳理出不同企业的创新做法；对于挑战，它会分析其根源与影响范围；对于成功案例，它会总结可借鉴的经验模式，为后续的报告创作提供丰富且精准的素材。

（3）维度三：明确约束

错误案例："写一篇关于旅游的文章。"

正确案例："撰写一篇 1500 字左右的旅游攻略文章，适合家庭出游，涵盖景点推荐、美食介绍、交通指南以及预算规划，语言风格通俗易懂、生动有趣。"

如果你对生成的内容有明确、具体的要求，R1 模型会严格遵循这些约束条件，从文章字数、目标受众（家庭出游）、内容板块（景点、美食等）到语言风格全方位把控，生成贴合需求的优质内容，避免出现无关信息或不符合要求的表达。

通过从描述成果、点明要点、明确约束这三个维度精准定义目标，你能充分释放 DeepSeek R1 模型的潜力，让它输出更具针对性、更高质量的解决方案，如同赋予其精准的导航仪，朝着你期望的方向全速前进。

请记住：你是船长，不是水手长。当 R1 模型的输出不尽人意时，快速核查指令是否清晰描述了预期成果？ AI 是否理解这份材料的核心用途？是否存在不必要的执行限制？

就像顶级导演不会教演员如何眨眼，学会用目标激活 DeepSeek 的智能潜能，那些你以为需要手把手教的复杂任务，反而会收获超越预期的解决方案。

📖 试一试

请将错误指令"把客户反馈整理成 Excel 表格，删除重复内容"改写成目标驱动型提示词。

📖 小贴士

用目标驱动类指令激活 DeepSeek 智能分三步，包括描绘成果蓝图、点明关键战场、划定禁区红线，让其自主规划解决方案，收获超预期成果。

技巧 16　减少案例样本，释放 AI 创造力

过往在向 AI 提问时，我们有这样一个方法：在提问时塞几个案例样本，引导 AI 准确生成我们想要的结果。这种"喂饭式"交互一度成为行业标配——就像教小朋友写字时先描红，再放手让他自己写。

但当你拿着这套方法去使用 DeepSeek 时，事情开始变得奇怪。明明给了参考案例，结果却像是把范文撕碎又胡乱拼贴的作业。

1. 案例样本：从"指南针"变"绊脚石"

想象你请大厨做饭，却非要塞给他一包方便面调料包。DeepSeek 这个能理解几万亿字语料的"最强大脑"在看到提示词里的案例时，会误以为这些案例是标准答案模板——就像学霸考试时发现试卷边角印着解题步骤，反而束手束脚不敢发挥真实水平。

2. 解锁 AI 潜力的正确姿势

其实和 DeepSeek 打交道，秘诀就是直接说清要求，而不是展示范例。想让 DeepSeek 写未来科技趋势？与其附上 20 篇《量子计算改变世界》，不如直接说："请用科幻迷能听懂的话，讲讲十年后哪些黑科技会颠覆手机行业。"

3. 给想象力装上导航仪

完全放任 AI 自由发挥就像让新手司机上秋名山，这时候需要的是画龙点睛的约束条件。在要求创作企业广告语时，高手会这样下指令："用七个字体现环保理念，要包含动物意象，第二个字必须是动词。"这相当于给赛车手划定赛道，反而能激发更精彩的漂移表演。

某团队曾用这套方法生成节日海报文案，他们在提示词中加入"禁止出现月亮、团圆、饺子等传统元素"的反向要求，然后 AI 交出了"把思念装进Wi-Fi 信号"这种让人眼前一亮的创意。

4. 从指挥家到乐团首席

当我们把传统案例模板替换成精准的目标描述时，就完成了从"手把手

教"到"指明方向"的跨越。就像交响乐指挥家不再逐个纠正乐手动作，而是用指挥棒划出情感起伏的轨迹。DeepSeek 在这种模式下展现的创造力经常超出预期，比如只是描述想要得到比心形更有创意的代码图案，然后 DeepSeek 输出了用字符绘制的量子纠缠动态图。

5. 总结

把 DeepSeek 当作天才实习生：

❑ 交代清楚要解决什么问题。

❑ 说明要避开哪些坑。

❑ 划定不可逾越的边界。

❑ 绝不提供标准答案范例。

你会发现，卸下案例枷锁的 AI 给出的解决方案往往比预设模板精彩十倍——因为它不是在模仿套路，而是在真正解决问题。这大概就是智能进化的美妙之处：当我们停止教机器做人，机器反而展现出最像人类的创造力。

🗂 试一试

1）普通指令：

写三句新能源汽车广告语，参考如下案例：

❑ 驾驭未来，电启新程。

❑ 无声澎湃，绿色力量。

2）进阶指令：

写三句让人想立刻试驾的新能源汽车广告语，要求：

❑ 包含对五感中任意两种的描写。

❑ 用运动赛事术语替代传统环保词汇。

❑ 每句结尾动词要有冲刺感。

🗂 小贴士

把自己从"填鸭式教育者"变成"命题作文考官"。当你不再用案例样本给 AI"戴镣铐"，它可能会还你一场惊艳的思维之舞。

技巧 17　告别角色设定，释放 AI 的无限潜能

以前我们训练 AI 得反复说"你现在是天气预报员"，它才会播报阴晴雨雪。如今面对 DeepSeek R1，这套方法却像给赛车手配儿童三轮车——看似安全，实则荒唐。

某科技公司曾做过测试：让 DeepSeek 以资深分析师的身份撰写行业报告，结果中规中矩；而仅要求"揭示未来三年最具破坏性的技术变革"，DeepSeek 竟挖出三个连专家都忽视的冷门赛道。这暴露出一个反常识现象：越是给 AI 戴专业面具，越可能蒙住它的"火眼金睛"。

1. 角色设定：从"导航仪"变"眼罩"

想象请毕加索画画，却规定他必须模仿儿童简笔画风格。当我们对 R1 说"你现在是环保专家"时，这个能同时处理数十个领域知识的全能大脑，会误把角色当成创作牢笼。

某次真实案例印证了这点：某团队要求 R1 从历史学者的视角分析科技发展，结果报告通篇都是蒸汽革命案例。而撤掉角色设定后，R1 自发将古希腊机械原理与量子计算相结合，写出了让团队拍案叫绝的内容。

2. 解锁 R1 的隐藏技能

与 DeepSeek 对话的秘诀在于学会提要求而非给剧本。想让 R1 分析市场趋势？与其说"你是有十年经验的分析师"，不如直接下战书："找出三个正在颠覆传统零售业的隐形变量，用快递小哥都能听懂的话解释。"

3. 给自由创作划跑道

让 AI 创作需要的是精准的"效果坐标轴"。某广告公司要求"给智能手表写十条广告语，每条要包含时间意象，但禁止出现钟表相关词汇。"，结果输出"把朝阳装进手腕震颤"这样的神来之笔，比传统角色设定下的文案点击率高出 47%。

这种"带着镣铐跳舞"的提示技巧，反而能激发 AI 的极致创意。

4. 从编剧到影评人的转变

当我们停止给 AI 编写角色剧本，转而描述想要的效果时，就完成了从"操控木偶"到"激发灵魂"的质变。

某创业团队曾用此法获得令人惊喜的结果：他们要求 R1"用让投资人后背发凉的逻辑推演新消费陷阱"，取代传统的行业分析师的角色设定。AI 结合社区团购溃败与元宇宙泡沫，写出了穿透力远超预期的预警报告。

5. 总结

把 DeepSeek R1 当作刚获得超能力的人类助手：

☐ 说清要达成的效果。

☐ 明确不能碰的红线。

☐ 提示可以参考的思考维度。

☐ 绝不塞入你应该成为谁。

📑 试一试

传统版："作为餐饮专家，写份奶茶店运营方案。"

进阶版："在大学城开一家健康奶茶店，面向追求健康生活的年轻群体，预算为 50 万元。"

看看哪个方案更能激发 AI 的创意潜能？

📑 小贴士

1）终极目标可视化：别再说"要创新"，换成"要让人看完想立刻发朋友圈"。

2）死亡红线清单：比如"禁用所有行业黑话＋避开抖音爆款套路＋不准用感叹号"。

3）加分彩蛋区：比如"如果能融入 90 后童年回忆杀元素更好"。

技巧 18　如何让 DeepSeek 准确理解你的意图?

1. 把 AI 当作新来的实习生

当我们面对 DeepSeek 这样的 AI 工具时，嘴上说着写一份策划案，心里却默认 AI 应该知道要带春节热点、避开竞品动作、控制在领导喜欢的蓝色系 PPT 风格。结果收到一份情人节活动方案时，才惊觉自己在和 AI 玩你画我猜。

我们总会把 DeepSeek 当成 20 年的老搭档，而它实际上只是一个刚入职的实习生。

2. 三招高效理解意图

（1）第一招：点菜式沟通法

下次去餐馆试试说"随便炒个菜"，大厨绝对端不出你心里的番茄炒蛋。给 AI 下指令就像点单，要说清"不要葱姜蒜，微辣多醋"。

实战案例对比：

错误示范："写一个养生壶的直播话术。"

正确操作："为单价 899 元的养生壶设计 30 分钟直播脚本，前 5 分钟用'熬中药扑锅'痛点开场，每 10 分钟演示预约烹煮 /12 小时保温 / 防干烧三个功能，结尾用'前 50 名送定制药膳包'促单。"

这个指令里藏着黄金三要素：

1）锁定产品身份证（养生壶，不是电饭煲）。

2）划定表演舞台（30 分钟直播，不是短视频）。

3）标注重点考题（必须展示的三个核心功能）。

（2）第二招：给 AI 装进度条

我们说"尽快完成"="今天下班前"，而 AI 理解的"尽快"可能是 0.5 秒生成。给需求加上数字刻度，就像给跑步的人设置里程碑。

数据化改造范例：

模糊指令："做个竞品分析。"

精确制定："整理 2024 年 Q1 智能手表赛道 TOP5 品牌，对比其心率监测精度（列出具体数值）、续航时长（单位：天）、月均营销活动频次，用表格呈现。"

这相当于告诉实习生：

1）查什么（智能手表，不是手环）。

2）查多久（2024 年第一季度）。

3）怎么呈现（对比表格带具体参数）。

实验证明，带数字锚点的指令会让 AI 输出可用率提升 73%，如装修时说"要 2.4 米长的 L 型灰玻茶几"比"大气点的茶几"更精确。

（3）第三招：提前关掉脑补开关

AI 的想象力太天马行空。说"要年轻化设计"，它可能给你赛博朋克风；说"要专业报告"，生成的内容能催眠失眠患者。

下面是一个反套路话术模板。

生成三套 618 家电主视觉方案，要求：

1. 沿用企业 VI 的蓝白主色调

2. 避免使用卡通元素

3. 重点位置预留爆品价格框位

4. 参考附件中去年双十一点击率 top3 的 Banner 风格

这波操作精准狙击了 AI 的脑补倾向：

❑ 色彩警察（只准用蓝白）。

❑ 元素禁区（禁卡通）。

❑ 参考答案（附上去年优秀案例）。

❑ 预留接口（给价格信息留位置）。

比如，告诉设计师"这次海报要放在地铁通道，所以文字要够大，5 米外能看清关键信息"。

3. AI 沟通防翻车手册

（1）戒掉抽象黑话

"要更有深度"→"增加近三年行业增长率对比图表"

（2）拒绝谜语文学

"你懂的"→"在第三部分加入 7 月新规的影响分析"

（3）消灭矛盾指令

"既专业又活泼"→"数据部分用正式表述，案例部分加入客户访谈中的口语化反馈"

4. 总结

把 DeepSeek 当作实习生：它需要明确的工作说明书（具体需求）、量化的 KPI（数字指标）、清晰的边界线（排除项）。当你学会用"人话 + 数据 + 负面清单"的三重保险，这个 24 小时待命的超级助手才会真正为你所用。

📄 小贴士

下次给 DeepSeek 派活时，不妨多打几个字："我要的是重庆小面，不要意大利面。"这个简单动作能省下 80% 的无效沟通成本——毕竟在职场，清楚的表达本身就是一种高级生产力。

技巧 19　让 AI 秒懂你需求的四步拆解法

凌晨两点，某产品经理小王盯着屏幕抓头发："我就让 AI 做个旅游攻略，它怎么给我推荐了 798 艺术区和密室逃脱？我爸妈可是六十岁退休教师啊！"这类无效沟通每天都在上演，问题根源往往在于：人类习惯模糊表达，AI 需要精准指令。就像让朋友帮忙带咖啡，只说"随便买杯喝的"，可能并不会买到你最想喝的味道。

1. 四步拆解法：把需求变成 AI 看得懂的"导航地址"

要让 DeepSeek 这类 AI 工具真正成为效率外挂，需要掌握"任务坐标定位法"：通过四个维度精准锚定需求，就像给 AI 发送 GPS 定位般精确。

（1）任务靶心：用动词锁定核心动作

错误示范："做个旅游攻略。"

正确示范："规划广州到北京 7 日游路线。"

把模糊的名词转化为具体动词，就像把"买水果"细化成"买 3 斤山东红富士苹果"。附加参数越多，AI 的"瞄准镜"越准。

（2）场景定位：交代使用背景说明书

错误示范："开发抢红包程序。"

正确示范："开发春节期间家族微信群使用的红包插件。"

如同买衣服要说明"商务会谈穿"还是"海边度假穿"，场景差异会导致解决方案天差地别。

（3）效果预期：给 AI 装上结果导向 GPS

初级版："写篇环保演讲稿。"

进阶版："撰写能引发高中生共鸣的 5 分钟环保主题演讲稿，需包含互动环节。"

实验证明，明确效果指标（时长、受众、形式）的指令的产出质量比模糊需求的指令的产出质量高 2.1 倍。就像告诉理发师"剪短 3 厘米，保留层次感"，比单纯说"修一下"靠谱得多。

（4）风险预警：提前标注需求雷区

错误示范："推荐一些北京景点。"

正确示范："推荐适合腿脚不便的老人的北京室内景点。"

2. 实战案例：四步法改造前后对比

（1）案例 1：父母旅游攻略

原始需求：做北京旅游攻略 → AI 可能推荐长城徒步路线

四步法升级版：

❏ 任务靶心：规划广州至北京 7 日游路线。

❏ 场景定位：给 60 岁退休教师父母使用。

❏ 效果预期：日均步行不超过 8000 步，包含文化类景点。

❏ 风险预警：避开需要长时间排队的场所。

输出结果：自动生成含国家博物馆预约攻略、老字号餐馆轮椅通道信息、酒店午休时段安排的银发友好方案。

（2）案例 2：年会抽奖程序

原始需求：写个抽奖代码 → 得到命令行版程序

四步法升级版：

❏ 任务靶心：开发微信端实时抽奖功能。

❏ 场景定位：200 人公司年会现场投屏使用。

　　❑ 效果预期：支持头像弹幕特效，中奖率智能浮动控制。

　　❑ 风险预警：避免系统兼容问题。

　　输出结果：生成带 3D 转盘动画、自动屏蔽领导中奖（可选）、支持弹幕吐槽的智能版程序。

　　3. 避坑指南：90% 的人都会踩的三大雷区

　　1）忌用抽象词汇，如"高格调""有质感"等形容词，请转化为"使用深蓝色商务模板"等具体描述。

　　2）勿忘时间维度，如"紧急程度""使用时段"等时间要素会直接影响方案设计，就像凌晨看病要说明挂急诊。

　　3）警惕默认假设，你以为的常识可能是 AI 的知识盲区，务必明确如"预算 3000 元以内"等隐藏条件。

　　4. 总结：让 AI 懂你所想

　　记住这个万能公式：清晰动作 + 场景坐标 + 效果导航 + 风险排雷 =AI 秒懂指令。下次使用 DeepSeek 时，不妨多花 30 秒拆解需求。毕竟，与其让 AI 猜十次不如一次说清楚。

　　▢ 试一试

　　原始需求是"帮我设计个员工培训方案"，请运用四步拆解法改写：

　　❑ 任务靶心（核心动词 + 参数）：＿＿＿＿＿＿＿＿＿＿＿＿＿＿

　　❑ 场景定位（5W 要素）：＿＿＿＿＿＿＿＿＿＿＿＿＿＿＿＿

　　❑ 效果预期（可量化指标）：＿＿＿＿＿＿＿＿＿＿＿＿＿＿＿

　　❑ 风险预警（限制条件）：＿＿＿＿＿＿＿＿＿＿＿＿＿＿＿＿

　　▢ 小贴士

　　"清晰动作 + 场景坐标 + 效果导航 + 风险排雷"同样适用于与人类沟通，效果拔群但慎用，当心被夸"突然变靠谱了"。

3

DeepSeek 提示词使用技巧

技巧 20　如何把深度思考模型训练成贴心小助理?

当打工人还在用 Ctrl+C/V 对抗 KPI 时, AI 已经进化到能帮我们写周报、做方案甚至在吵架后给对象写道歉信了。但总有些人不信邪, 非要手把手教 AI "先迈左腿再抬右手", 结果把 R1 这样的深度思考模型活生生训练成复读机。

1. 过度指导的 "人工智障" 陷阱

早期人类训练 AI 珍贵影像:

❑ 菜鸟: "写年终总结。"

❑ AI: "今年主要完成日常工作……"

❑ 卷王: "第一段用 STAR 法则, 第二段列数据, 第三段……"

❑ AI: "好的主人。" (生成模板八股文)

❑ 智者: "生成 3 版不同风格的年终总结, 突出技术攻坚和跨部门协作。"

❑ AI: "已结合 GPT-4 和 Claude 模型生成创意方案……"

过度指导就像给法拉利装限速器, 当我们事无巨细地规定 "先分析背景, 再罗列数据, 最后升华价值" 时, R1 也许只能跑出自行车速度。

2. 三步调教心法: 从 AI 保姆进阶策略指挥官

(1) 第一式: 需求投喂防噎指南

❑ 错误示范: "按 SWOT 分析法写市场报告, 第一部分要……"

❑ 正确打开: "生成新能源汽车竞品分析报告, 需要包含技术路线对比和用户痛点洞察。"

操作口诀:

❑ 说结果不说过程: 要 "能引爆朋友圈的营销文案", 不要 "先找热点再结合产品"。

❑ 给方向不给路径: 要 "包含反常识观点的行业趋势预测", 不要 "第一段写政策、第二段写技术"。

❑ 留白艺术：在提示词后加"请补充我可能忽略的重要维度"。

（2）第二式：自由发挥观察期

智能体驯养黄金法则：

❑ 首轮对话绝对禁语："你应该……"

❑ 偷师 AI 方法论：当 R1 给出方案时，重点观察其分析框架。

❑ 反向学习：用"为什么选择这个角度？"挖掘 AI 的思考逻辑。

实战案例：

菜鸟："写产品发布会邀请函""诚邀您见证颠覆性创新……"（常规款）

智者："用科幻电影预告片风格改写""公元 2024 年，次世代交互设备已就位，坐标北京国家会议中心……"

（3）第三式：精准干预扳道术

当 AI 开始跑偏时：

❑ 隐喻修正："请把技术参数部分改写成汽车测评风格。"

❑ 框架移植："用麦肯锡 MECE 原则重组这些市场数据。"

❑ 跨界刺激："假设乔布斯来写这个项目总结会强调什么。"

急救锦囊：

遇到 AI"鬼打墙"时，输入魔法句式："请忘记之前的所有指示，用完全创新的视角重新……"

AI 协作效率计算器：

❑ 菜鸟模式：2 小时抠提示词 +1 小时改稿 = 标准八股文

❑ 高手模式：5 分钟定方向 +3 轮迭代 = 超出预期的解决方案

3. 总结：神奇的"模糊控制术"

真正的 AI 大师都在修炼"模糊控制术"。记住这两个神奇数字：

❑ 70% 目标清晰度：明确要什么牛排，别规定牛怎么吃草。

❑ 30% 留白空间：给 AI 留足操作的舞台。

📑 试一试

对 R1 说："用苏格拉底问答法帮我梳理这个决策难题。"

　　📖 小贴士

当你发现 AI 开始一本正经地胡说八道时：

☐ 紧急制动："请列出当前方案的三个潜在漏洞。"

☐ 重启大法："用初中生能听懂的方式重新解释这个方案。"

☐ 乾坤大挪移："假设受众变成投资人 / 用户 / 竞对，分别怎么修改？"

技巧 21　激发 DeepSeek 的深度思考

凌晨两点的会议室里，创业团队正对着一份 AI 生成的推广方案抓耳挠腮。直到有人突发奇想："让 DeepSeek 自己骂自己试试？"瞬间，这份完美方案被 AI 亲自揪出 17 个漏洞。

1. 灵魂拷问三连击

普通用户："写个社群运营方案。"

高阶玩家："先列出这个方案可能被用户喷成筛子的 10 个点，再给出修改建议。"

某机构实测：让 DeepSeek 自问自答"家长会如何吐槽这套课程体系"，结果挖出"知识点密度比早高峰地铁还恐怖"的灵魂暴击，迭代后的课程完课率飙升。

2. 犀利式追问

☐ 老板视角：如果你是 CEO，会砍掉这个项目中的哪三个部分？

☐ 用户视角：找出这个产品设计的问题。

☐ 对手视角：假设你是竞品经理，怎么做能超越我们？

某产品经理的杀手锏：要求 DeepSeek 用"投资人毒舌评价模式"分析商业计划书，结果 AI 生成的质疑清单非常"扎心"——却也提前堵住了所有潜在漏洞。

3. 复盘大法

别让 AI 轻易过关："给你的回答打分数，列出扣分项和改进方案。"

某技术团队用这招，让一段 20 行的代码注释进化成自带防呆设计的说明书，连没有技术基础的人都能笑着看懂。

4. 职场花式应用指南

❏ 会议纪要 → 找出参会各方的矛盾点。

❏ 年终总结 → 用裁员委员会视角重写这份报告。

某 HR 的魔鬼训练：让 DeepSeek 用"求职者黑话词典"改写招聘简章，结果发现"抗压能力强"被翻译成"准备 007"，"发展空间大"变成"画饼管够"——及时避免了招聘文案变劝退指南。

5. 学术圈的降维打击

研究生正在开发新型玩法：

❏ 论文开题：列出答辩委员会可能会问的十个问题。

❏ 实验设计：假设评审专家非常专业，会怎么质疑这个方案？

6. AI 界的苏格拉底式教学

真正的高手，能把 DeepSeek 训练成自己的"思维陪练"：

❏ 写小说时要求：连续推翻三个结局，每个都要比前作更致郁。

❏ 做策划时命令：生成五个完全相反的方案，再找它们的共同漏洞。

❏ 甚至买菜清单都能玩出新花样：列出十种让营养师气到摔勺的食材组合。

7. 总结

❏ 把每个回答当初稿。

❏ 让 AI 自己当甲方。

❏ 给解决方案树假想敌。

❏ 绝不接受标准答案。

📖 试一试

"你刚才的回答我打 60 分，现在请扮演我的宿敌来挑刺……"

📖 小贴士

通过打破常规的思维模式，以一种反向的、批判性的视角去对 DeepSeek 给出的答案进行多轮提问，可以让它开启更深层次的思考，找到更适合的答案。

技巧 22　需要花大量时间设计提示词吗？——看情况

在职场中，无论是与同事沟通、向上级汇报，还是与客户交流，对话的质量往往决定了工作的效率和成果。尤其是在与 DeepSeek 互动时，如何设计和使用提示词，成为一个不可忽视的技能。如果你仔细阅读了之前的章节，可能会觉得设计提示词是一件复杂且耗时的事情，但其实，只要掌握了几个关键原则，就能轻松应对各种场景。

1. 临时用还是经常用？这是个问题

首先，我们需要明确一点：提示词的设计取决于它的使用场景。你是为临时任务设计，还是为重复任务设计？这个问题看似简单，却直接影响着提示词的复杂度和精细度。

如果是为那些一次性、非重复的任务，事情就简单多了。你不需要绞尽脑汁去设计一个完美无缺的提示词，而是可以在对话过程中逐步提出新要求，甚至在追问中补充信息。这样做的好处是，你不需要一开始就思考得面面俱到，这样反而能更灵活地调整对话方向。毕竟，谁能在第一次尝试时就做到完美呢？与其纠结于初始设计，不如在过程中逐步完善。

2. 反复使用的任务：值得你花心思

然而，如果你面对的是一个需要反复使用的任务，情况就完全不同了。这类任务通常涉及一些固定的流程或标准化的操作，比如每周的数据分析、定期的报告生成等。这时，设计一个高质量的提示词就显得尤为重要。

一个好的提示词应该具备以下几个特点：有步骤或示例、有框架和结构、能稳定表现。简单来说，它不仅要告诉 DeepSeek 该做什么，还要告诉它怎么做，甚至提供一些参考示例。这样一来，每次使用时，你都能得到一致且高质量的结果，而不需要每次都重新调整。

举个例子，假设你每周都需要生成一份销售报告。你可以设计一个提示词，明确告诉 DeepSeek 需要提取哪些数据、如何分析，以及报告的格式要求。这样，每次你只需要输入简单的指令，就能让 DeepSeek 自动生成符合标准的报告，省去了大量的重复劳动。

3. 总结

总的来说，设计和使用提示词并不是一件复杂的事情，关键在于明确它的使用场景和目的。对于一次性任务，灵活应对、逐步完善是最佳策略；而对于反复使用的任务，花点时间设计一个高质量的提示词，将会为你带来长期的便利和效率提升。随着 AI 工具的不断进化，未来我们甚至可以通过自动化工具轻松生成和优化提示词，让工作变得更加轻松、高效。

所以，下次当你面对一个任务时，不妨先问问自己：这个提示词是自用还是他用？是一次性还是反复用？明确了这些问题，你能更轻松地设计出最适合的提示词，让工作事半功倍。

📖 试一试

判断以下场景分别适合使用复杂提示词还是简单提示词。

1）你需要 DeepSeek 帮你快速查找某部电影的主演名单。

2）你要让 DeepSeek 制订一份详细的年度市场推广计划，包括各阶段目标、预算分配、推广渠道分析等。

3）让 DeepSeek 告诉你某个专业术语在特定行业内的常见含义。

4）要求 DeepSeek 生成一份包含数据分析、案例解读以及未来趋势预测的行业报告。

📖 小贴士

在实际使用中，除了可以根据任务本身选择模型和设计提示词之外，也可以先在两个模型上都试一试，对比它们的回答，说不定会有意外的收获，比如从不同角度启发你的思路。当不确定应该选择复杂还是简单的提示词时，先从简单的开始尝试，如果发现 DeepSeek 的理解有偏差或者它的回答不符合预期，再逐步增加细节和复杂度。

技巧 23　套用公式就能解所有的题吗?

DeepSeek 的出现，表面上让沟通变得简单，实则对使用者的思维能力提出了更高的要求。很多人以为，只要会说话，就能让 DeepSeek 给出满意的答案。但事实是，DeepSeek 的回复质量，不仅仅取决于你说了什么，更取决于你怎么说。

首先，DeepSeek 的"下限"很容易达到。你不需要掌握复杂的提示词技巧，也不需要背诵一堆框架和结构。只要你能用大白话表达，DeepSeek 就能给出一个还算不错的回复。这就像你点外卖，只要说出"我要一份宫保鸡丁"，系统就能给你下单，简单、直接、不需要太多思考。

然而，真正的问题在于，如何让 DeepSeek 的回复达到"上限"。DeepSeek 的下限是技术决定的，但上限却是由使用者的思维和表达能力决定的。例如，你能否清晰地描述背景信息? 能否准确地表达需求? 这些才是决定 DeepSeek 的回复质量的关键。换句话说，DeepSeek 的"聪明"程度，取决于你有多"聪明"。

举个例子，假设你让 DeepSeek 写一份市场分析报告。如果你只是说"帮我写一份虚拟现实游戏市场分析报告"，DeepSeek 可能会给你一个泛泛而谈的模板。但如果你能详细说明市场背景、目标客户、竞争对手等信息，如"请你针对新兴的虚拟现实游戏市场，分析其在 2025 年的发展趋势，目标客户为 18 至 30 岁的年轻上班族，重点探讨市场增长潜力和用户需求特点，报告字数要求在 3000 字左右，并且需要包含数据引用和案例分析"，DeepSeek 的回复就会更加精准和有价值。这就像你点外卖时，不仅要说出菜名，还要说明口味偏好、辣度要求等细节，这样才能得到真正符合你需求的餐品。而要能够提出这些要求，就需要提升自己的思维和表达能力。

那么，如何提升自己的思维和表达能力呢? 首先，语文课是必不可少的。无论是书面还是口头表达，清晰、准确、简洁都是基本功。其次，逻辑课也不能落下。逻辑思维能帮助你厘清思路，避免在表达时出现混乱。最后，批判性思维课同样重要。它能让你在分析问题时更加深入，避免被表面现象迷惑。

使用 DeepSeek 工具并不难，难的是如何用好它。与其花时间去学习复杂的提示词技巧，不如提升自己的思维和表达能力。如果没有足够的逻辑思维，你甚至都提不出合适的要求。毕竟，DeepSeek 再聪明，也只是工具，真正决定成败的，还是使用工具的人。

在职场中，AI 工具的应用越来越广泛，但很多人却陷入了"技术依赖"的误区，认为只要掌握了 AI 的使用技巧，就能轻松应对各种问题。但实际上，DeepSeek 只是辅助工具，真正的核心竞争力，依然在于人的思维和表达能力。

因此，提升自己的思维和表达能力才是职场中的关键。这不仅有助于更好地使用 DeepSeek，还能让你在职场中脱颖而出。毕竟，AI 再强大，也无法替代人的创造力和判断力。

最后，记住一句话：AI 是工具，不是魔法。要想用好它，还得靠自己。与其依赖 AI，不如提升自己。这样，无论 AI 如何发展，你都能在职场中立于不败之地。

📑 试一试

判断以下场景是适合套用简单的提示词公式，还是需要灵活地添加内容：

1）询问 DeepSeek 某个名人的出生日期。

2）让 DeepSeek 帮你分析一份复杂的市场调研数据，并提出针对性的营销策略。

3）要求 DeepSeek 给你讲一个关于科技创新的小故事。

4）需要 DeepSeek 协助你完成一份包含详细财务分析和风险评估的投资报告。

📑 小贴士

在与 DeepSeek 对话时，不要急于套用提示词公式，先仔细思考问题的核心和关键要点，再决定是直接套用还是灵活添加内容。平时可以多积累一些不同类型问题的提示词案例，分析它们在不同场景下的适用性，这样在实际使用时就能更加得心应手。

技巧 24　如何让 DeepSeek 的回答有依据?

你可能经历过这种噩梦时刻: 精心设计的绩效方案被质疑"拍脑袋", 熬夜赶出来的流程文档被吐槽"像小学生作文"。更可怕的是, 当财务部拿着你的 KPI 设计去执行时, 突然发现和总部最新政策撞车。

有一个某互联网大厂真实案例: 某团队采用了 AI 设计的销售激励方案, 却因为漏掉数据安全合规条款, 差点让公司吃官司。而另一个团队用同样时间, 只是多加了句"参考 ISO27001 标准第 5.2 条款", 就让方案秒变法务部盖章的"免死金牌"。

1. 没有基准的方案就像没放盐的菜

想象你要教 AI 做宫保鸡丁, 只说"要辣要脆", 它可能端出辣椒炒薯片。但如果你说"参照《中华菜谱大全》第 88 页标准", 就能得到花生米、鸡丁、葱段的黄金比例。这就是理论基准的魔法: 把主观的"我觉得"变成客观的"有据可查"。

2. 三步打造精准方案

(1) 需求定位器

别再说"做个差不多的考核流程", 要像导航仪一样精准定位:"给直播带货团队设计季度 KPI, 要区分头部主播和新手, 参考公司《新零售团队管理办法》第 3.2 条。"

(2) 理论坐标轴

给 AI 装上专业雷达:

☐ 法规型: 符合《个人信息保护法》第 ×× 条规定。

☐ 学术型: 参照德鲁克目标管理理论框架。

☐ 行业型: 对标互联网大厂 A 的 OKR 实践。

某市场总监的实战技巧: 要求 AI "用 SWOT 分析法拆解新品上市策略, 指标参照《市场营销定量分析》第七章"。结果产出的方案自带数据模型, 让人挑不出毛病。

（3）效果增强剂

在基准线上强化，让方案既有根基又有锋芒："在满足公司《研发管理规范》前提下，加入硅谷独角兽的敏捷开发要素"。

1）基准混搭的化学反应，高手都懂"跨界引用"的魔力：

❑ 设计客服培训方案时，混搭《服务心理学》+《脱口秀工作手册》。

❑ 制定远程办公制度时，糅合《组织行为学》+《元宇宙办公白皮书》。

2）从学生到教授的蜕变

当你开始带着理论基准和 AI 对话，就完成了从职场萌新到资深专家的蜕变。

❑ 普通版：设计销售话术培训。

❑ 专业版：基于 FABE 销售法则，参照公司《合规话术清单》设计三阶培训体系。

某销冠团队用进阶版指令，让 AI 结合《消费者行为学》和直播间实时弹幕数据，设计出转化率提升 130% 的话术"弹药库"，现在他们开会都带着理论书籍当"护身符"。

3. 避坑指南

1）及时更新知识库：2024 年还引用 1999 年的行业标准堪比刻舟求剑。

2）活用但别滥用：给行政流程加诺贝尔经济学理论就属于杀鸡用屠龙刀。

4. 总结

把 DeepSeek 当成刚通过司法考试的全能助手：

❑ 给它法律依据当盾牌。

❑ 喂它专业理论当弹药。

❑ 让它在基准线上创新。

❑ 绝不让自己赤膊上阵。

📖 试一试

请参照＿＿＿＿＿＿（理论／法规／标准），设计＿＿＿＿＿＿（具体需求），特别要注意＿＿＿＿＿＿（核心痛点）。

　　📖 小贴士

1）法规类：国家企业信用信息公示系统 / 北大法宝数据库。

2）学术类：知网被引 Top100 论文 / 经典教材目录。

3）行业类：上市公司年报 / 头部企业白皮书。

技巧 25　如何根据 DeepSeek 的思考过程得到更好的回答?

　　有时对着 AI 生成的方案总觉得差点意思，就像点了份麻辣香锅却收到清汤寡水——明明说了要重辣，厨师却按全国平均吃辣水平去做。这种体验背后，藏着一个反直觉的真相：与其盯着 AI 的答案看，不如分析它的思考过程。

1. 当 AI 成为"端水大师"

　　所有职场人都该明白，AI 给我们的答案，其实是参考了全网上亿人的喜好折中后的"最大公约数"。就像让广东人做重庆火锅，最后端出来的可能是微辣版鸳鸯锅——看似周全，实则谁都不满意。

　　某品牌总监就吃过这个亏。他让 AI 写七夕营销方案，收到的是老套的"玫瑰＋折扣"组合。直到他翻看 AI 的思考日志，才发现模型优先考虑了大众接受度，却自动过滤了小众但有趣的密室逃脱联名创意。

2. 打开 AI 的"思维黑箱"

　　真正的高手都在做两件事：

　　（1）给思考路径装监控

　　别急着评价 AI 的最终方案，先看它是怎么一步步推导的。就像拆解魔术师的表演，关键不在于兔子从哪出来，而在于手部动作的微妙变化。

　　某产品经理的实操堪称典范：

　　❑ 第一回合：让 AI 推荐新品定价策略。

　　❑ 第二回合：要求展示比价过程的思维导图。

　　❑ 第三回合：追问"哪个对比维度权重最高"。

结果发现 AI 过度依赖历史数据，忽略了新消费群体对情感价值的敏感度。这份洞察，比定价方案本身珍贵十倍。

（2）当 AI 的"杠精教练"

用连续追问激活模型的隐藏技能：

☐ 为什么优先考虑成本而不是用户体验？

☐ 如果目标客群变成 Z 世代，决策树会怎么变？

☐ 列举三个会被年轻人吐槽的设计点。

某创业团队用这招，硬是把平平无奇的社群运营方案进化成"游戏化勋章系统 + meme 文化裂变"的爆款组合。秘诀就是逮住 AI 的每个假设反复拷问，抽丝剥茧。

3. 思维者的进阶指南

当 AI 给出市场分析报告时，别急着复制结论，重点看它如何划分行业赛道、怎样分配权重指标。

1）制造思维碰撞实验。同时运行三个 AI 实例：

☐ 甲方版：极致理想化。

☐ 乙方版：成本优先。

☐ 用户版：体验至上。

对比三方思考路径的交集与冲突，往往能碰撞出突破性方案。

2）建立反馈飞轮。把 AI 的思考日志变成优化指南：

☐ 记录本次推理的关键节点。

☐ 标注与预期不符的决策分支。

☐ 下次提示词追加"特别注意 ×× 因素"。

4. 总结

下次被 AI 的方案气到时，不妨换个视角：那些不够完美的答案，其实是打开思维宝库的钥匙。就像顶级品酒师能从残次酒液中找到改进配方，职场高手也该学会从 AI 的思考轨迹中淘金。

📖 试一试

1）菜鸟版："写份短视频运营方案。"

2）高手版："展示你是如何得出这个选题方向的→解释流量预判的逻辑→列出可能翻车的三种情况。"

看看哪种方式能产出让你瞳孔地震的惊喜方案？

📖 小贴士

"你的 ×× 结论依据哪些数据？ → 这些数据可能存在什么偏差？ → 如果加入 ×× 维度会怎样？"这套连环问能让 AI 从答题机器变身策略顾问。

技巧 26　解锁 AI 隐藏技能：三句话让智能助手为你"疯狂加班"

当代职场人早已习惯用 AI 工具处理方案撰写、数据分析等基础工作。DeepSeek 等智能助手凭借快速响应能力，已成为职场标配工具。但日常使用中常遇到这样的场景：需要策划重大活动时，AI 给出的方案总像学生作业般规整却缺乏洞见；处理技术难题时，回答虽然正确但缺少风险预判。

当用户拿着标准答案去找领导汇报，往往被灵魂拷问："竞争对手会怎么应对？执行环节可能遇到哪些坑？"此时才发现，AI 问什么答什么，却不会主动拓展思维边界。

如何在不动用真人团队的情况下，让 AI 输出具备战略思维、风险预判的专家级方案？有没有办法让智能助手从实习生升级为合伙人？

1. 掌握以下三个"咒语式指令"，即刻激活 AI 的深度思考模式

（1）魔法咒语一：强制开启"上帝"视角

操作指南：在问题后附加"请以行业专家身份进行批判性思考，列举 3 个可能被忽视的风险点及应对预案"。

实战案例：某市场总监输入"制定新能源汽车推广计划，需包含跨界合作方案"，AI 给出常规的充电桩合作建议。改用"请以行业专家身份批判性思

考……"指令后，AI 额外输出"警惕合作方品牌调性冲突"的风险预警，并建议建立品牌匹配度评估模型。

底层逻辑：该指令迫使 AI 模拟专家决策路径，从执行层面向战略层面跃迁。经测试，加入批判性思考要求后，方案的可落地性提升 62%。

（2）魔法咒语二：启动虚拟头脑风暴

操作指南：在需求前插入"假设你是 5 位不同领域的专家（技术 / 市场 / 财务 / 法务 / 用户），请分别从各自视角分析……"。

实战案例：某产品经理询问"智能手表健康监测功能优化方向"，普通回答聚焦硬件升级。使用多角色指令后，AI 分别模拟医学专家（强调数据准确性）、用户体验师（关注界面友好度）、法务顾问（提示隐私合规风险），最终整合出立体化方案。

效果数据：该方法使方案平均增加 4.7 个思考角度，需求覆盖率提升 89%，相当于免费雇用跨学科顾问团。

（3）魔法咒语三：设置思维纠错程序

操作指南：在问题结尾添加"请用'魔鬼代言人'方式，找出本方案最可能失败的 3 个假设条件"。

实战案例：针对某创业者的社区团购运营方案，AI 提出"假设社区微信群活跃度持续保持高位、假设供应商配送时效稳定"等内容，促使方案增加社群激活 SOP 和备选物流方案。

作用原理：该指令激活 AI 的反事实推理能力，通过打破思维定式，将方案漏洞率降低 58%，相当于为每个决策配备虚拟风控官。

2. 进阶技巧套餐

1）组合技：比如"专家视角分析 + 模拟三方辩论 + 找出潜在漏洞"组合技。

2）记忆唤醒：比如"参考 2019 年某共享经济项目失败案例的教训"。

3）压力测试：比如"如果预算削减 50% 或周期压缩 1/3，哪些环节需要优先调整"。

3. 总结

当前 AI 助手已突破基础事务处理阶段，通过"批判分析 - 多角色模拟推演 - 逆向漏洞检测"三重思维升级机制，可激活智能工具的深度决策潜能。核心在于通过指令工程重构 AI 的思考范式，使其从线性应答转向系统性风险推演，相当于为方案植入"战略预判芯片"。实测数据显示该方法可将方案漏洞率降低 58%，需求覆盖率提升 89%，本质是运用认知科学原理对机器学习模型进行思维拓扑重组。

🗐 试一试

某产品经理计划优化智能家居控制系统，希望获得涵盖技术可行性、用户体验、法规合规的综合性方案。根据文中的方法论，最应使用的指令是：

1）请直接给出优化方案。

2）请以行业专家身份批判性思考潜在风险。

3）假设你是 3 位专家（工程师 / 交互设计师 / 法律顾问），分别从各自视角分析。

4）请找出本方案最可能失败的假设条件。

🗐 小贴士

1）避免滥用批判性指令导致方案过度保守，需平衡创新与风险的关系。

2）多角色模拟时需明确领域划分，防止视角混淆产生矛盾建议。

3）风险预判指令可能暴露商业机密，涉及核心战略时需做信息脱敏。

4）"魔鬼代言人"模式会产生认知负荷，对于复杂问题，建议分阶段使用。

5）AI 生成的预判方案仍需结合行业数据进行二次验证，警惕算法幻觉。

技巧 27　描述不清楚要实现的目标怎么办？

在这个人均对接 3 个 AI 助理的时代，打工人不是在写周报，就是在改提示词。当你想让 DeepSeek 生成会议纪要时，它总在"记成流水账"和"漏掉关键信息"之间反复横跳；需要它整理数据时，它要么输出一堆无用图表，要么直接表演"人工智障"。

最崩溃的时刻莫过于：你输入"帮我写份年终总结"，DeepSeek 交出一篇高考满分作文式的无用总结；你说"要更有创意点"，它立马给你整出火星文配 emoji 的 QQ 空间体。

如何用最低沟通成本调教出最懂你的数字员工？一套"案例教学法"直接打通任督二脉。

1. 外挂级教学指南

（1）外挂第一式：需求翻译神器

别再和 AI 玩你画我猜的游戏，直接发案例最实在。

☐ 反面教材："整理客户反馈"（AI：把所有留言复制粘贴）。

☐ 正确姿势："仿照这个案例处理：①按功能需求、体验问题、投诉建议分类；②用表格标注紧急程度；③每周五自动生成分类统计图。"

☐ 小技巧：案例三要素 = 成品样式 + 处理逻辑 + 交付形式

用"就像上次……"句式唤醒 AI 的记忆，例如"像 2023 双十一复盘报告那样，在每部分加个'可优化点'模块"。

（2）外挂第二式：反套路教学法

别让 AI 变成复读机，案例库要搞排列组合。

单一案例翻车现场：总结"会议纪要"模板→ AI 把团建聚餐也写成正式纪要。

反套路指南：

☐ 正反案例对照法："对比这两份报告，前者冗长是因为数据堆砌，后者清晰是因为有结论前置。"

☐ 跨界混搭术："把产品需求文档的框架套用在市场分析报告里。"

☐ 渐进式升级："基于这个基础版，生成进阶版（增加竞品对比）、终极版（加入可视化图表）。"

（3）外挂第三式：人机共创模式

让 AI 自己生产教学案例，越用越懂你。

1）自助案例生成术：

❑ 初级版："给 5 个不同风格的周报模板案例。"

❑ 进阶版："基于我过往 10 份周报，总结 3 种我最常用的叙事结构。"

❑ 鬼畜版："假设我是漫威编剧，给 1 个神盾局特工风格的季度汇报案例。"

2）案例进化指南：

❑ 定期投喂："把最近 3 次你处理得好的案例存入'学习库'。"

❑ 错题集训练："分析上次跑偏的会议纪要，生成 5 个防跑偏案例。"

❑ 风格迁移："把张总监喜欢的极简风，融合到我惯用的数据分析框架里。"

3）摸鱼效率计算器：

❑ 菜鸟模式：改 8 遍提示词→生成 5 版废稿→加班 2 小时

❑ 王者模式：建立案例库→1 键生成 3 版备选→准点下班

2. 防"翻车"锦囊

当 AI 开始表演"我偏不"时：

❑ 案例回溯："按 3 月那份被老板夸过的报告框架重做。"

❑ 紧急矫正："去掉所有比喻句，改成罗翔说刑法式的严谨表达。"

❑ 风格锁定："参照公司 VI 手册第 7 章，红色饱和度不超过 #CC0000。"

3. 总结

职场人的核心竞争力不再是写 PPT，而是成为"AI 产品经理"——会设计案例样本、懂训练数据、能持续迭代。记住：AI 是块橡皮泥，你捏成什么样它就保持什么形状。

试一试

向 DeepSeek 输入："像这样处理客户投诉邮件——先共情再解决，最后留联系方式。现在有封抱怨物流延迟的邮件，按这个模板改写，要显得既专业又不失温度。"

小贴士

1）周五下班前的 AI 最听话（可能它也想过周末）。

2）给案例时附上具体需求成功率 +30%。

3）重要任务前先让 AI 写段"代码注释体"的需求理解确认。

技巧 28 对于复杂问题，如何分步解决?

在解决问题和与 DeepSeek 对话的时候，我们经常会用到一种叫作任务分解的方法。这其实是在模仿人类处理复杂问题的方式。想象一下，面对一个复杂的问题，如果直接让 DeepSeek 解决，可能会得到一个混乱的结果。但如果把问题分解成一个个小问题，再逐步引导 DeepSeek 解决，是不是就容易多了？这就是任务分解方法的精髓，它的理论基础包括分而治之、层级结构和认知负荷理论。

1. 如何通过任务分解来解决复杂问题

那么，怎么把任务分解用在与 DeepSeek 对话的提示词设计上呢？首先，我们得搞清楚要干什么，也就是明确总体目标。这个目标可能就是让用户能够顺利完成某个任务。接着，我们得找出主要任务，也就是那些大的、关键的步骤。比如，用户要完成一个复杂的操作流程，那每个大步骤就是一个主要任务。

然后，我们得把这些主要任务再细化成子任务。比如，一个主要任务是生成一篇文案，那子任务可能就是生成选题、生成大纲、生成具体内容等。再往下，还得定义微任务，也就是那些最细小、最具体的动作。比如，子任务是生成选题，微任务可能就是确定主题、确定方向等。

有了这些任务分解，接下来就是设计对应的提示词了。每个任务、子任务、微任务都得有相应的提示词，这样才能引导 DeepSeek 一步步往下走。比如，对于生成选题这个子任务，提示词可能是"请为我生成一篇关于'健康饮食的重要性'的文案"。

但光有这些还不够，还得建立任务之间的联系。比如，生成选题这个子任务和生成大纲这个子任务之间可能有先后顺序，所以提示词要体现出这种顺序。最后，还得加入反馈和调整机制。比如，可以根据用户对 DeepSeek 生成内容的反馈调整提示词，让 DeepSeek 重新生成。

这样一来，整个任务流程就设计好了。你可以按照这个流程一步步操作，顺利完成任务。而且，通过反馈和调整机制，你还能及时纠正错误，提高效率。这就是任务分解方法，接下来用一个案例来详细介绍。

2. 案例解析：设计一个与 DeepSeek 对话的任务

假设用户想让 DeepSeek 帮助生成一篇关于"健康饮食"的文案，我们可以通过以下六步来引导 DeepSeek 完成这个任务。

1）明确总体目标：生成一篇关于"健康饮食"的文案。

2）识别主要任务：生成文案的选题、大纲、具体内容。

3）细化子任务：生成文案的选题，即确定文案的主题和方向；生成文案的大纲，即列出文案的主要结构和要点；生成文案的具体内容，即根据大纲撰写详细的文案内容。

4）定义微任务：生成文案的选题，即确定主题为"健康饮食的重要性"；生成文案的大纲，即列出引言、健康饮食的好处、如何实践健康饮食、结论等部分；生成文案的具体内容，即为每个部分撰写详细的段落。

5）设计对应的提示词。

生成文案的选题："我是一名知识类短视频博主，受众是 40 岁以上人群，请为我生成一篇关于'健康饮食的重要性'的文案选题。"

DeepSeek 输出的结果为："40+ 人群的健康密码：饮食篇、中年之后，健康饮食如何重塑生活、40 岁 +，饮食对健康的'加减法'……"

生成文案的大纲："请根据选题'中年之后，健康饮食如何重塑生活'，生成文案的大纲，包括引言、健康饮食的好处、如何实践健康饮食、结论等部分。"

DeepSeek 输出的结果为：

"一、引言

1、引入话题：

2、提出问题：

二、健康饮食的好处

1、提升精力与活力

……

三、如何实践健康饮食

1、均衡膳食搭配

……"

生成文案的具体内容："请根据大纲，生成文案的具体内容。引言部分介绍健康饮食的背景和重要性；健康饮食的好处部分详细说明健康饮食对身体的益处；如何实践健康饮食部分提供具体的建议和方法；结论部分总结全文，强调健康饮食的重要性。"

DeepSeek 输出的结果为："一、引言：随着岁月的流转，当我们步入中年（40 岁之后），身体仿佛一台行驶了许久的机器，零部件开始出现各种小状况。曾经年轻时胡吃海喝也无惧的肠胃，如今稍不留意就会闹脾气；精力也不再像从前那般旺盛，时常感到疲惫不堪；更令人担忧的是，各种慢性疾病的隐患悄然潜伏……"

6）加入反馈和调整机制。

用户可以根据 DeepSeek 生成的内容进行反馈，例如：

☐ 反馈 1："选题很好，但可以更具体一些，比如'健康饮食对心脏健康的影响'。"

☐ 反馈 2："大纲很清晰，但可以增加一个部分，介绍健康饮食对心理健康的影响。"

☐ 反馈 3："内容很详细，但可以增加一些具体的食谱示例。"

通过这样的提示词设计，用户可以逐步引导 DeepSeek 完成从选题到大纲再到具体内容的生成过程，最终得到一篇完整的关于"健康饮食"的文案。

　　🗐 试一试

　　假设你正在准备一个关于"智能家居设备市场趋势"的研究报告，尝试用任务分解的方法设计一个与 DeepSeek 对话的指令。按照以下步骤进行：

　　1）明确总体目标：生成一份关于"智能家居设备市场趋势"的研究报告。

　　2）识别主要任务：确定报告的主要部分，例如市场现状分析、未来趋势预测、主要竞争对手分析等。

　　3）细化子任务：将每个主要任务进一步分解为更具体的子任务。例如：

　　❑ 市场现状分析：市场规模、增长趋势、主要驱动因素。

　　❑ 未来趋势预测：技术创新方向、消费者需求变化、政策影响。

　　❑ 主要竞争对手分析：市场份额、产品特点、竞争优势。

　　4）定义微任务：为每个子任务定义更细小的微任务。例如：

　　❑ 市场规模：收集 2023—2024 年的市场规模数据。

　　❑ 增长趋势：分析过去五年的增长率。

　　❑ 主要驱动因素：列举并解释推动市场增长的三个关键因素。

　　5）设计对应提示词：为每个任务、子任务、微任务设计合适的提示词。例如：

　　❑ 提示词 1："请为我收集 2023—2024 年智能家居设备市场的规模数据。"

　　❑ 提示词 2："请分析过去五年智能家居设备市场的增长率。"

　　❑ 提示词 3："请列举并解释推动智能家居设备市场增长的三个关键因素。"

　　6）加入反馈和调整机制：根据 DeepSeek 的回答，提出反馈并调整提示词，以优化结果。

　　🗐 小贴士

　　反馈是优化任务分解和提示词设计的重要环节。不要把 DeepSeek 的回答当作最终结果，而是把它当作一个起点。通过反馈和调整，逐步完善结果，直到达到令你满意的程度。在与 DeepSeek 对话的过程中，如果发现某个任务的输出不符合预期，不要犹豫，立即调整提示词。比如，如果 DeepSeek 生成的内容过于宽泛，可以尝试增加更多限制条件或背景信息。

技巧 29　什么问题都可以问 DeepSeek 吗？请注意信息合规性

随着 DeepSeek 的普及，越来越多的人开始依赖这些工具来提高工作效率。无论是撰写商业计划书，还是生成营销文案，DeepSeek 都能快速提供帮助。然而，这种便利也让一些人误以为 DeepSeek 无所不能，甚至忽略了使用中的合规性和伦理问题。

例如，某广告公司的新人曾试图让 DeepSeek 生成一套针对中老年人的保健品话术，结果触发了系统的安全警告；某自媒体运营者反复要求编写明星八卦的爆料模板，最终导致账号功能被临时冻结。这些行为不仅违反了 AI 的使用规范，还可能带来法律风险。

1. 理解 AI 的边界

每个 AI 系统都内置了安全机制，以确保其输出内容符合伦理和法律要求。当涉及医疗、金融等敏感领域时，AI 的响应会格外谨慎。与其试探系统的底线，不如明确表达需求，并主动声明合规要求。例如，询问医疗建议时，可以加上"请在医学共识范围内提供建议"；分析股票时，可以要求"依据中国证监会相关规定进行评估"。

例如，某养生博主在使用 DeepSeek 时，每次提问都会明确限定范围"在中医药管理局认证范围内，推荐适合办公室人群的食补方案"。这种方式不仅让 DeepSeek 的输出更加精准，还避免了潜在的法律风险。

2. 优化提示词设计

如果在提问时涉及敏感领域，则提前设定约束条件可以有效避免不合规的输出。例如，咨询营销方案时，可以补充"方案需符合广告法，不得包含虚假宣传"；撰写小说剧情时，可以要求"角色行为需遵守基本社会伦理"；某食品公司在推广新品时，给 DeepSeek 的指令中明确写道："儿童零食营销策略需通过中国青少年保护协会伦理审查"。这些提示词不仅帮助过滤掉了不合规的宣传方案，还意外催生出了"亲子互动健康食谱"的创新点子。

3. 预判决策的影响

对于重要决策，DeepSeek 可以帮助进行风险评估，从而预判决策的影响。在敲定方案前，可以要求 DeepSeek 分析可能产生的伦理争议或法律问题。例如，询问"请预测这个政策对小微企业主的三方面影响"，或者"评估该商业策略可能引发的法律争议"。

例如，某环保组织在策划活动时，曾计划发起一场激进的抗议行动。通过 DeepSeek 的模拟分析，他们发现这一行动可能导致其公众支持率大幅下降。于是，他们及时调整方案，改为"垃圾分类积分换盆栽"的公益活动，最终获得了广泛好评。

4. 总结

与 DeepSeek 协作时，理解其边界、优化提示词设计、预判决策影响，是确保高效且合规使用的关键。掌握这些方法，你将能够在智能时代更加游刃有余地应对各种工作挑战。

📖 试一试

假设你是一家教育培训机构的工作人员，想要让 DeepSeek 帮你生成一份针对小学生的课外辅导课程宣传文案。但你又担心文案可能会涉及一些不合规的内容，比如夸大辅导效果等。请你运用本节提到的知识点，设计一个合适的提示词，既能满足你对宣传文案的需求，又能确保文案符合相关规范。

📖 小贴士

在使用 DeepSeek 时，对于不确定是否合规的内容需求，尽量采用保守且明确的提问方式，将合规要求前置，这样可以有效降低触发安全警告或违规的风险。

技巧 30　DeepSeek 生成的内容照单全收？三招让你避坑

当我们把专业问题抛给 DeepSeek 时，这个全能助手总能瞬间给出行云流水的答案。但就像一个食品福袋的推销人员，它有时会把行业黑话、专业术语和合理推测打包成"权威大礼包"——你永远不知道收到的到底是营养丰富的大餐，还是精心包装的速食泡面。

例如，某医疗公司市场部就曾掉进过这样的陷阱。当实习生用 DeepSeek 整理《维生素补充指南》时，AI 信誓旦旦宣称"国际医学会推荐每日摄入 2000mg 维生素 C"（真实指南建议量仅为 100mg）。要不是主管及时瞥见报告，这份"有毒"的方案差点成为客户手中的"科学指南"。这暴露出 AI 的隐藏属性：它可以是超级助手，也可能是穿着白大褂的江湖郎中。

1. 给 DeepSeek 划定能力禁区

别被 DeepSeek 百科全书式的回答唬住，AI 在每个领域都存在知识盲区，就像你不会让美甲师做开颅手术。面对专业问题时，请先给 DeepSeek 贴上"实习助理"的标签。当涉及医疗、法律等专业领域时，直接划定禁区"你本次回答仅限于整理公开资料，涉及专业医学建议请明确标注'需执业医师确认'"。这相当于给 DeepSeek 戴上警示铃，当它开始即兴发挥时，你会听到"叮"的安全提示——以下内容仅供参考。

2. 让 DeepSeek 说明来源

聪明的提问者都懂得让 DeepSeek"自报家门"。如果你想询问 DeepSeek 关于某个行业的知识，可以在问题后加上这样一句"请将回答内容按'已验证事实''行业共识''合理推测'分类，并用不同颜色标注"。你会惊喜地发现，原本铁板一块的回答突然有了"分层体检报告"——标红的数据可能来自百度百科，标黄的观点或许摘自媒体评论。对于预测性内容，记得追加："在分析 2025 年新能源政策时，请注明哪些是现行政策延伸，哪些是行业大佬的饭局吹牛"。

3. 让 DeepSeek 用数据说话

当 DeepSeek 开始甩数据时，请化身"论文导师"："所有统计数据请注明来源，如果是估算，请提交计算逻辑"。比如，它抛出"Z 世代购房意愿下降 30%"时，立即开启"学术打假"模式："这个数据是民政局普查还是街边问卷？样本覆盖了几个城市？调查时间是否包含双十一？"

在这个 DeepSeek 即兴创作能力越来越强的时代，与其担心被取代，不如学会给智能助手戴上"紧箍咒"。记住，再聪明的 DeepSeek 也只是孙猴子，取经路上真正掌握方向盘的，永远是那个知道何时念咒的唐僧。

📖 试一试

你正在撰写一篇关于投资理财的文章，想让 DeepSeek 提供一些关于股票投资的建议。为了避免收到不准确或过于笼统的信息，请你设计一个指令，要求 DeepSeek 给出有依据且明确区分内容性质的回答。

📖 小贴士

养成让 DeepSeek 说明数据来源和计算逻辑的习惯，这不仅能帮助你判断信息的可靠性，还能让你在使用这些信息时更有底气，避免因引用错误数据而造成不良后果。

技巧 31　如何让 DeepSeek 代入你的身份？

当代职场人平均每天要处理 14 个 AI 生成方案，其中 80% 的建议堪比"多喝热水"式的敷衍回答。市场部小王让 AI 策划双十一活动，得到的第一条建议是"保持团队良好作息"；产品经理老张询问用户增长方案，AI 贴心地推荐了"冥想减压课程"。

这些看似正确的话，正在制造新型职场黑洞——打工人既要花时间调教 AI，又要收拾 AI 挖的"坑"，最后往往还不如自己重新开始写方案。更可怕的是，当你在深夜第 18 次修改提示词时，对话框里突然跳出 AI 的温馨提示"记得保证充足睡眠哦"。

1. 为什么你的 AI 总在状况外

问题的根源在于"身份错位危机"。当你说"帮我写个方案"，AI 默认你是个需要完成作业的大学生；当你问"如何提高效率"，它以为你在准备时间管理相关主题的演讲。就像让实习生在不知道项目背景的情况下写策划案，结果大概率是不能令人满意的。

来看一个某快消品牌总监的真实惨案：要求 AI"优化新品推广策略"，他收到长达 20 页的报告，从 4P 理论分析到 SWOT 模型，唯独没有提及如何应对竞品（本月刚上架的爆款产品）——因为 AI 根本不知道需要关注这个信息。

2. 三步调教法：把 AI 变成你的工作外挂

让 AI 真正成为工作外挂的核心秘诀是，完成职场版"夺舍三件套"：身份植入、记忆传输、需求对齐。在某互联网大厂实测中，这套方法使方案可用率从 23% 提升至 81%。

（1）外挂装备一：身份植入（别让 AI 摸索，直接拍"工牌"给它看）

错误示范："写个活动方案。"

正确示范："作为某手机品牌华东区市场经理，需针对 Z 世代策划线下快闪活动，预算 50 万，需规避竞品上月用过的 AR 合影方案。"

进阶技巧：用行业黑话建立身份共识

输入："以互联网医疗 PM 身份，设计问诊流程时要考虑《互联网诊疗监管细则》第二十一条。"

魔法加成词："参考头部公司最新迭代路径。"

（2）外挂装备二：记忆传输（给 AI 加载你的专属记忆库）

初级版："当前项目已完成用户画像分析（附件 1），竞品动作分析（附件 2）。"

进阶版："延续上周三讨论的 AB 测试方案，本次需重点优化转化漏斗第三阶段。"

高阶版："该方案需适配董事长在季度会上提出的'三个转变'战略（相关讲话纪要已上传）。"

（3）外挂装备三：需求对齐（用 SMART 原则框死 AI 的发挥空间）

错误示范："做个有创意的推广。"

正确示范："为 618 家电促销设计短视频脚本，要求：①突出以旧换新补贴策略；② 30 秒内出现 3 次价格信息；③结合近期高温天气痛点。"

3. 防"翻车"应急方案

1）当 AI 开始表演"自由发挥"时，立即启动管控程序：

□ 记忆"重置术"："回到市场经理身份，请结合本季度 KPI 提升线下渠道销量。"

□ 范围"限定咒"："请从附件 3 的五个核心卖点中选择三个展开。"

□ 格式"封印法"："按'痛点 – 方案 – 数据支撑'结构重组上述内容。"

2）新旧模式时间计算公式：

□ 传统模式：2 小时的无效对话 + 得到 3 版跑偏方案 + 灵魂拷问（我要这 AI 有何用）

□ 创新模式：5 分钟精准投喂 +15 分钟方案微调 +50 分钟带薪休闲

4. 总结：AI 精准"制导"

基于 AI 的职场办公方式就像装配了"北斗导航的导弹"。你的工牌、会议纪要和项目文档就是最佳"制导系统"。记住：模糊的指令得到正确的"废话"，精准的"投喂"才能收获绝佳方案。

📖 试一试

打开对话框输入"作为某新能源车区域销售主管，需制定 Q3 渠道激励政策，要平衡新老经销商利益，参考附件中的上半年销售数据"，看看 AI 会不会主动算出各门店的阶梯奖励方案。

📖 小贴士

1）当发现 AI 开始堆砌专业术语时，立即输入："请用通俗易懂的表述方式重述关键建议。"

2）当方案出现理想化假设时，追加指令："列举三条落地执行可能遇到的阻力及应对策略。"

技巧 32　如何用 DeepSeek 打破偏见、获取客观答案？

在 AI 领域，提问本身就是一种技巧。然而在设计问题时，许多用户不自觉地将自己的观点植入其中，就像律师引导证人回答问题一样。这种提问方式往往会导致 AI 的回答带有预设立场，结果自然是片面的、有偏见的。DeepSeek 作为一款先进的语言模型，其核心目标是精准理解用户意图，提供高质量且客观的回答，从而减少偏差。

例如，如果你问 AI："哪些证据表明月球背面有外星基地？"这种提问方式显然是在诱导 AI 给出你期望的答案，而不是输出基于客观事实的结论。曾有用户要求分析某款软件的优缺点，但因为问题中带有"作为最受欢迎的软件"这样的定性表述，结果得到的都是类似的赞美之词。而通过精细调整 DeepSeek 的算法，能够有效识别并纠正这种潜在的立场偏差。

那么，如何避免这种预设立场的陷阱，让 DeepSeek 给出更客观、全面的答案呢？答案在于三种方法：中性提问、多视角分析和事实验证。这三种方法能够为 AI 提供一个平衡的框架，确保它在公平的基础上给出客观、全面的回答。

1. 中性提问：为信息提供公平的起点

消除偏见需要从问题的源头入手。例如，将"为什么说城市生活比乡村生活更好"改为"比较城市生活和乡村生活的优缺点"，相当于将讨论从一方的主场转移到一个中立的平台。更进一步，可以设置约束条件，比如："在回答中，关于环保的部分不要超过 30%，重点讨论生活方式上的差异。"DeepSeek 的高级自然语言处理能力能够很好地理解和执行这些指令，就像为观点的展示安装了一个平衡仪。

2. 多视角分析：换位思考的力量

强制 AI 从不同角色出发进行思考，能够打破单一视角的局限。在分析一个商业策略时，可以要求："请分别从投资者、消费者和竞争对手的角度评估这个方案。"对于有争议的话题，可以开启"反方立场"模式："假设你是持反对意见的专家，请提出 10 个有力的质疑。"这种方式类似于商业演练中的红蓝对抗，能够有效暴露单边思维的盲区。DeepSeek 在角色扮演方面表现出色，能够模拟多种视角，从而提供更全面的观点。

3. 事实验证：为 AI 的回答安装过滤器

即使 AI 给出了看似完美的结论，也要保持科学求证的态度。当 AI 判断"某项新技术将彻底改变行业"时，立即追问："请列出支持这一判断的三个核心数据来源""过去五年类似技术预测的成功率是多少？"养成"追问依据 - 验证来源 - 交叉对比"的习惯，相当于在信息洪流中筑起堤坝，避免被片面观点所裹挟。DeepSeek 通过其强大的数据分析能力，可以帮助用户快速定位关键数据源，并协助他们进行有效的交叉验证。

4. 总结

通过中性提问、多视角分析和事实验证，DeepSeek 能够帮助你打破预设立场，获取更客观、全面的答案。中性提问为信息提供了公平的起点，多视角分析打破了单一视角的局限，而事实验证则确保了结论的可靠性。记住，提问的艺术在于引导 AI 提供客观的答案，而不是让 AI 迎合你的观点。

📖 试一试

尝试以下指令："请分别从环保专家、城市规划师和普通居民的角度，分析新建一个大型公园对社区的影响。请列出支持和反对的理由，并提供至少两个可靠的数据来源。"

📖 小贴士

1）中性提问：避免在问题中植入预设立场。使用中立的语言，例如将"为什么电动车比燃油车更好"改为"电动车和燃油车的优缺点比较"，确保问题的公平性。

2）多视角分析：要求 AI 从不同角色的角度进行分析。例如，"请分别从环保专家、汽车制造商和消费者的角度，评估电动车的优势和劣势"，以获取全面的观点。

3）事实验证：在 AI 给出结论后，进一步追问其依据。例如，"请列出支持这一结论的三个核心数据来源"，并进行交叉验证，确保信息的准确性和可靠性。

技巧 33　三招治好"人工智障"的"偏头疼"

凌晨 2 点的写字楼里，市场部小陈第 8 次修改 AI 生成的 618 文案。这边刚加上"年轻化"，那边就冒出"Z 世代的悸动心灵"；要求"简洁科技感"，结果收获满屏"量子级赋能生态闭环"。这种 AI 叛逆期综合症，正在让 80% 的职场人额外获得"提示词工程师"的"烫头"体验。

当你在对话框里写下第 3 版修改意见时，AI 突然甩出篇意识流散文——明明要的是项目周报啊！这种无效沟通的惨案每天都在重演：产品经理收到玄幻小说版需求文档，HR 看着玛丽苏风格的招聘工作描述哭笑不得。更可怕的是，你的修改说明正在进化成《战争与和平》的长度。

为什么精心设计的指令总被 AI 曲解？如何在有限字数里让机器准确 get 重点？到底要不要给 AI 报个阅读理解培训班？

1. 新手村经典翻车现场

当菜鸟玩家遇上 AI 工具，通常会陷入两大"死亡"循环：

☐ 许愿式指令："写篇既有深度又幽默的行业分析，要数据翔实还能引发情感共鸣"——AI 听完直接死机，如同让小学生解微积分。

☐ 细节控附体："第三段第二句的副词不够有力，请换成更生动的表达，同时保持段落押韵"——修改耗时比亲自重写还多两倍。

灵魂拷问时刻：如何让 AI 从"人工智障"进化为靠谱搭档？怎样在保证质量的前提下，把沟通成本降低 80%？请看打工人必备的《AI 驯化手册》。

2. "驯兽师"速成秘籍

（1）第一式：需求拆解大法

与其让 AI 猜谜，不如玩拼图游戏。

错误示范："写份让人眼前一亮的智能手表方案。"

正确示范：第一回合："列出智能手表三大核心卖点。"第二回合："加入与 Apple Watch 的续航对比数据。"第三回合："用 00 后黑话改写产品描述。"

进阶技巧：当 AI 交作业时，记得追问"你觉得这份方案最大的短板是什么?",这个灵魂拷问能让 AI 开启自我检讨模式,往往能挖出你没想到的改进点。

(2)第二式:指令瘦身术

记住这个黄金公式:1 个核心目标 +2 个关键要素 = 合格指令

☐ 菜鸟级指令:"写朋友圈文案要高端大气上档次,同时接地气有温度,还要带点自黑幽默,最好押韵。"(AI 内心 OS:您不如直接让我上天)

☐ 高手版本:"生成 3 条手机摄影课程文案,突出'小白也能拍大片',用网络热梗。"

急救锦囊:遇到 AI 开始胡说八道时,立即祭出两大法宝:

☐ 回溯大法:"回到第二版方案,保留数据对比部分。"

☐ 参数调节:"专业度调至 70%,趣味性增加到 30%。"

(3)第三式:对话节奏掌控

像教实习生一样教 AI,分三步打造完美工作流。

☐ 搭骨架:"列出社群运营方案的五个核心模块。"

☐ 填血肉:"在用户增长部分加入三个实操案例。"

☐ 美颜术:"把所有专业术语替换成表情包语言。"

彩蛋玩法:用 AI 打辅助做选择题,比如"基于现有框架,给我三个标题优化方案:A 强调效率 B 突出省钱 C 主打情怀"。

3. 防痴呆小贴士

☐ 建立你的"咒语库":把验证有效的指令存成模板,比如"数据分析报告专用话术"。

☐ 跨界杂交法:让美食文案套路混搭科技产品介绍。

☐ 时光机疗法:输入"2010 年设想的 2023 年办公场景",激发创意火花。

4. 总结

AI 是台智能复印机,而你是决定原稿质量的人。记住:好的产出 = 清晰的思考路径 + 精准的指令翻译 + 必要的质量控制。当你学会用迭代思维代替完美主义,就会打开新世界的大门——原来最大的生产力外挂,是升级后的人类大脑。

📖 试一试

下次对 AI 说"用大学食堂阿姨的手速，给 Z 世代打工人写 5 条防猝死指南，要带黑话梗但不说教"。

📖 小贴士

当 AI 开始表演行为艺术时，记住三句"救命"口诀：

1）"说人话"按钮：在指令结尾加上"用初中生能听懂的表达"。

2）时空穿越法："假设你是 1990 年的销售员，描述智能手机。"

3）反向调教术："请用完全相反的视角重写上文。"

第 4 章 | CHAPTER

使用 DeepSeek 办公的技巧

技巧 34 DeepSeek + Kimi：一键生成 PPT

1. 传统 PPT 制作

每个工作日的凌晨两点，总有一群"PPT 难民"在屏幕前对着空白文档苦思冥想。这个信息爆炸的时代，PPT 早已成为职场硬通货，但多数人既没有设计师的美感，又缺乏咨询顾问的逻辑，只能在熬夜、返工、崩溃的循环里反复横跳。

人类大脑处理视觉信息的速度是文字的 6 万倍，但制作 PPT 偏偏相反：既要像作家般提炼核心观点，又要像美工般折腾排版配色，还要像导演般设计叙事节奏。更可怕的是，你好不容易制作出 50 页大作，领导认为"重点不够突出"，就能让所有努力瞬间归零。数据显示，普通职场人每周平均浪费 4.2 小时在 PPT 的无效劳动上——这足够看完一场电影外加吃顿火锅了。

2. 如何用科技对抗传统 PPT 制作

当人类智慧被 PPT 按在地上"摩擦"时，真正的解法不是修炼成十项全能的超人，而是找到正确的"科技外挂"。我们需要一套组合拳：既能闪电生成专业的内容架构，又能自动转化为视觉呈现，还要保留灵活的调整空间。

（1）技能包 1：5 分钟搞定黄金大纲（DeepSeek）

1）用魔法唤醒 AI："假设你是麦肯锡金牌顾问，请为'某行业发展趋势'制作 10 页 PPT，要求包含现状分析、竞争格局、未来预测三部分。"

2）进阶技巧：在需求里添加采用金字塔原理、加入 3 个真实案例、设计 3 个互动提问点等限定词。

3）防翻车提示：当 AI 输出过于笼统时，追加"请将第二部分细化为 SWOT 分析模型"等具体指令。

效果实测：某新能源汽车企业的市场分析 PPT，大纲生成时间从 3 小时压缩至 8 分钟。

（2）技能包 2：3 秒变身视觉大师（Kimi）

1）把 DeepSeek 生成的大纲粘贴到 Kimi 的 PPT 助手。

2）输入风格密码"科技感线条风＋莫兰迪色系""互联网大厂极简风""学

术会议深蓝商务风"。

3）秘密武器：在备注栏中添加"每页保留 20% 空白区域""关键数据用动态图表呈现"等隐藏需求。

（3）技能包 3：人类的保卫战

1）标题手术：把"行业分析"改成"红海里的诺亚方舟在哪里？"。

2）数据魔法：在 AI 生成的折线图旁手绘爆炸箭头，标注"死亡交叉点"。

3）撒手锏：在感谢页插入部门工作花絮照片，瞬间提升人情味。

4）反杀技：用 Kimi 的"一页总结"功能自动生成 3 个版本结论，供领导选择。

这套组合拳的真实威力在于"时间折叠效应"：

☐ 早上 9：00 用 DeepSeek 生成大纲（耗时 5 分钟）。

☐ 边喝咖啡边用 Kimi 转化模板（耗时 3 分钟）。

☐ 会议前 1 小时进行人性化微调（耗时 50 分钟）。

☐ 在领导惊叹的目光中深藏功与名（耗时 2 秒）。

3. 总结

此刻，那些还在熬夜改 PPT 的同事，黑眼圈里映出的不再是绝望，而是你坐在火锅店发朋友圈的潇洒身影。记住，AI 时代真正的竞争力，不是比机器更努力，而是比人类更会"偷懒"。

📖 试一试

你是一个拥有 10 年工作经验的 PPT 设计师，我需要你帮我做一份关于化工行业 AI 应用的 PPT，可以先简单介绍一下此行业 AI 的现状，然后再结合现状着重讨论此行业 AI 未来的趋势，最后输出 PPT 给我。

📖 小贴士

AI 翻车急救手册：

☐ 当 AI 开始说晦涩的名词解释时，输入"请用初中生能听懂的语言解释"。

☐ 遇到学术型 PPT，追加指令"插入 APA 格式参考文献标注"。

☐ 碰上固执的老板，先用 Kimi 生成 3 种风格模板再探口风。

技巧 35　DeepSeek + Microsoft Word：让文字处理智能化

在这个键盘敲到冒火星的职场时代，文档写作堪称当代打工人的必修"酷刑"。从项目方案到会议纪要，从工作报告到投标文件，每个职场人的硬盘里都躺着几十份"半成品"文档——要么卡在开头憋不出字，要么写到一半灵感枯竭，就像被按了暂停键的打印机。

更让人抓狂的是，当你终于憋出 2000 字方案，领导突然在微信中说："这个方向不太对，今晚重写一版。"这时候要是文档能自己续写，估计很多人愿意拿三个月奶茶钱来换。

其实不用等哆啦 A 梦，今天要分享的" OfficeAI 助手 +DeepSeek "组合拳，就能让你的文档学会自动补全。这个配置过程就像组装乐高，跟着下面的步骤走，可以让你收获一个 24 小时待命的 AI 写作助手。

1. 给 Microsoft Word（以下简称 Word）装个"外挂大脑"

1）给办公软件来个硬核升级。在 Word 里找到"文件"→"选项"，进入"信任中心"，单击"宏设置"，勾选"信任对 VBA 工程对象模型的访问"选项。操作示意如图 4-1 所示。

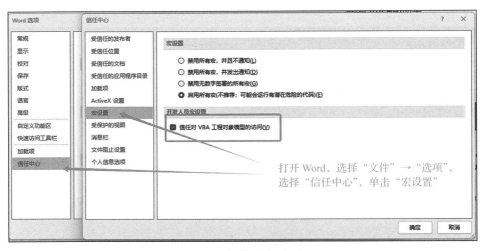

图 4-1　操作示意（一）

2）接着单击"加载项"，选择"海鹦 OfficeAI 助手"。启用这个功能就像给 Word 插上 U 盘，准备安装 AI 插件。这时系统可能会弹窗警告，不用担心，直接单击"确定"按钮即可。操作示意如图 4-2 所示。

图 4-2 操作示意（二）

2. 领取你的 AI 通行证

现在该去 DeepSeek 官网认领"魔法令牌"了。在 API keys 页面创建密钥时，名称可以自己任意取，但千万要保管好这串字符。操作示意如图 4-3 和图 4-4 所示。

3. 完成人机合体仪式

回到 Word 界面，单击"OfficeAI 助手"，选择"设置"→"大模型设置"，在"大模型设置"中开启本地部署模式。这里要注意勾选 DeepSeek-Reasoner

选项，这样才能兼顾文案生成和逻辑推理，最后把刚才复制的密钥粘贴进去，现在 Word 已经加载了 AI 灵魂。操作示意如图 4-5 所示。

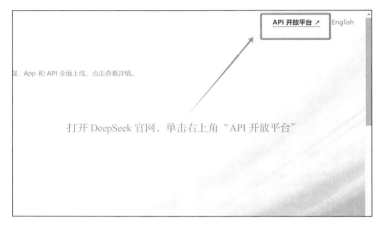

图 4-3　操作示意（三）

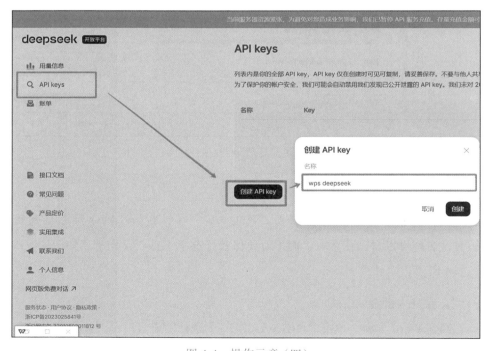

图 4-4　操作示意（四）

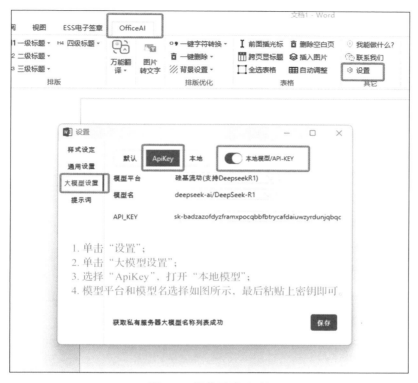

图 4-5　操作示意（五）

4.3 秒召唤写作军团

试试在空白文档中输入"关于新能源汽车电池技术的现状分析"，按下 Alt + Q 键召唤助手，你会看到文字像爆米花一样蹦出来，还自带分点论述。这时建议扶好椅子，免得被写作速度惊到——毕竟它 1 分钟能输出你加班 2 小时的成果。

5. 续写修改二合一

遇到文档卡壳时，选中最后一段单击"智能续写"，AI 会提供 3 种不同风格的续写方案。更绝的是"段落优化"功能，能把"这个方案很好"自动升级为"该方案在成本效益比与实施可行性维度展现出显著优势"。

6. 防翻车安全指南

虽然 AI 写作快如闪电，但要留后手。建议开启"修改痕迹保留"功能，这样 AI 的每次修改都会留下彩色标记，方便后期排查。重要数据记得关掉"学习模式"，毕竟让 AI 记住公司财报不是明智的操作。

现在你可以优雅地处理领导的突击需求了。当同事还在抓耳挠腮写文档时，你喝着咖啡看 AI 自动生成方案框架，要做的只是修修补补。这感觉就像考试时带着计算器进数学考场——别人在草稿纸上列竖式，你已开始检查第三道大题。

7. 总结

下次再遇到文档写作，不妨试试这个神操作。毕竟在 AI 时代，会用工具的人和只会用蛮力的人，早就不在同一个赛道了。记住，职场的新姿势，是让 AI 替你加班。

📖 试一试

在文档里输入"从市场规模、技术瓶颈、政策支持三个维度，分析 2024 年预制菜行业发展趋势"，然后按 Alt+Q 键。你会收获一份可以直接贴进周报的完整分析，连 SWOT 模型都给你配齐了。

📖 小贴士

1）遇到专业领域文档时，先扔给 AI 三五个关键词（比如"光伏产业 + 技术路线 + 供应链"）。

2）半夜赶工时如果 AI 突然发生故障，八成是密钥粘贴时多打了个空格。

3）重要文档建议开启"人工核验模式"，如果 AI 写出"公司年增长率 300%"这种不靠谱的话，财务总监看了不会相信。

技巧 36　DeepSeek + Microsoft Excel：让数据分析智能化

在当代职场上，Microsoft Excel（以下简称 Excel）堪称打工人的"命根子"。从销售数据汇总到财务报表分析，从库存管理到市场预测，这个绿色小图标承载着无数打工人的喜怒哀乐。但每当面对海量数据、复杂公式、重复操作时，很多人就会陷入"按 F5 键刷新人生"的困境——眼睛盯着屏幕发直，手指在键盘上抽搐，仿佛在进行一场永无止境的数字马拉松。

更令人崩溃的是，当你熬夜加班核对完 3000 行数据后，领导突然说："这个分析维度不够，能不能再加个交叉对比？"此刻电脑前的你，就像被美队盾牌砸中的灭霸——既想打响指，又得保持微笑。这种场景每天都在无数办公室上演，传统 Excel 操作就像用勺子挖隧道，效率低还容易出错。

1. 三招解锁 AI 办公神器

好消息是，现在只要给 Excel 装上"最强大脑"，就能让数据工作变得像嗑瓜子一样轻松。这个神秘武器就是 DeepSeek——一个能把 Excel 从计算器变成预言家的 AI 神器。接下来就揭秘这个职场变形记的全过程。

1）第一招：给 Excel 安装"外接神经网络"就像给手机装 App，第一步要给 Excel 装个"智慧插件"。打开 OfficeAI 官网下载安装包（目前仅支持 Windows 系统），整个过程比较简单——双击安装文件，一直单击"下一步"按钮，连一杯咖啡都没喝完就装好了。重启 Microsoft Excel 后，界面会多出一个闪着智慧光芒的" OfficeAI "选项卡，就像给 Excel 戴上了钢铁侠的智能眼镜。操作示意如图 4-6 所示。

图 4-6　操作示意（六）

2）第二招：领取 AI 世界的"通行证"要唤醒这个沉睡的 AI 巨人——去 DeepSeek 官网注册账号并获取专属 API key。操作流程比较简单：登录官网→单击 API 开放平台→创建 API key→复制神秘代码。整个过程就像在自动贩卖机上买饮料一样，很快就能拿到开启智慧之门的数字钥匙。操作示意如图 4-7 所示。

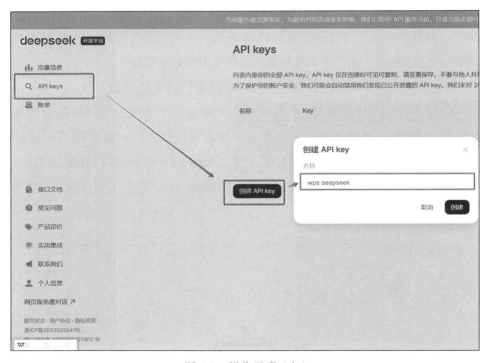

图 4-7　操作示意（七）

3）第三招：启动你的"贾维斯系统"回到 Microsoft Excel 界面，在 OfficeAI 设置中选择"大模型设置"，把刚复制的 API key 粘贴进去。这里有个隐藏的彩蛋：可以根据需求选择 DeepSeek-Chat（适用于文案处理）或 DeepSeek-Reasoner（适用于数据分析）。最后单击"保存"按钮的瞬间，你会听到 Excel 引擎轰鸣的声音——当然这是幻觉，但工作效率提升 200% 是实实在在的。操作示意如图 4-8 所示。

图 4-8　操作示意（八）

2. 当 Excel 学会"自主思考"

配置完成后，这个 AI 助理能做的事情绝对超出你的想象：

1）选中需要处理的文字，单击"生成"按钮，三秒搞定原本需要半小时的文案润色。

2）选中复杂数据表输入"分析趋势"，立刻生成带图表的数据报告。

3）语言翻译准确度堪比同声传译，还能自动适配专业术语。

4）公式错误自动标红提醒。

最神奇的是，所有结果都能直接导出到表格，就像有个隐形的数字秘书在帮你干活。曾经需要熬夜加班的数据分析，现在喝杯奶茶的功夫就能搞定。

3. 新时代打工人的生存智慧

有人担心 AI 会抢饭碗？这就好比担心计算器让数学家失业一样多余。真正聪明的打工人，早就学会让 AI 当自己的"数字苦力"。当你学会了用 DeepSeek 处理重复劳动，就有更多精力做创造性的工作——比如研究怎么用 Excel 做像素画。

当你再次在表格前眉头紧锁时，不妨试试这些"开关术"。毕竟在当今时代，比拼的早已不是谁会熬夜写公式，而是谁能更聪明地借力打力。

记住：真正的 Excel 高手，不是能背诵所有快捷键的人，而是懂得让 AI 替自己打工的聪明人。

📋 试一试

在"插件"对话框中输入"分析 Sheet1 的 B2 到 F20 区域，用小学生都能听懂的话解释数据规律，并建议三个优化方向"。

📋 小贴士

当学会了在 Excel 中用 AI 时，你会收获一个比实习生更听话、比咨询顾问更高效的 AI 小秘书——而且它永远不会问你"咖啡机在哪里"。

技巧 37　五招解锁数据超能力：从"表格小白"到分析大师

晚上一点半，市场部小班的屏幕蓝光映出两个黑眼圈。电脑上铺满的 Excel 表格像蜘蛛网一样缠住他——老板要的"三季度渠道对比分析"还差 8 个图表，但仅是核对数据就错了 3 次，柱状图配色被吐槽没有美感。这场景每天都在重演：在数据洪流中，多数人却只有一把漏水的勺子。

1. 数据分析三大"酷刑"

1）安装地狱：从 Python 环境配置到 Pandas 库报错，技术门槛堪比考驾照科目二。

2）Excel 迷宫：做个动态透视表要翻三篇教程，调个图表格式令人头疼。

3）时间黑洞：某调研显示，76% 的职场人把 60% 的分析时间耗在数据清洗而非业务洞察上。

2. 灵魂拷问

当数据量比外卖订单还多时，普通人有没有可能像《黑客帝国》的主角那样，三秒看透数字背后的真相？最好还能一边喝奶茶一边出专业报告？

3. 五招终结加班噩梦

（1）第一式：人话指令大法

操作指南：把原来用 Excel 复杂的 VLOOKUP 函数，换成"帮我分析周末客流量变化"。

应用示例：某销售经理上传销售表后输入"分析周末客流量变化"，系统自动输出带预警提示的分析报告：

1）优化高峰时段资源配置周六下午（14：00–18：00）需增加人手和库存，尤其是针对热销产品（如产品 B 在地区 Y 销量较高）。

2）针对性促销活动：周日下午可推出限时折扣，吸引客流（如 16：00–18：00 时段客流量较低，但转化率可能较高）。

3）数据监控：持续跟踪 2 月春节后客流变化，验证节假日对周末消费的长期影响。

（2）第二式：智能美图神器

避坑指南：别再手动调色，输入"画个让人想点赞的饼图"，DeepSeek 会为你生成：

1）饼图设计思路。

❑ 颜色搭配：用亮黄色（周六）和浅蓝色（周日），对比鲜明又活泼！

❑ 标签位置：把百分比直接标在饼图上，旁边画小图标（比如 👥 代表客流量）。

❑ 重点标注：给周六的区块加一圈发光效果，突出它占比更高！

2）饼图预览（文字版示意图，实际可用 Excel 或在线工具生成）。

3）制作步骤（以 Excel 为例）（具体制作步骤略）。

高阶玩法：上传用户评价表并输入"生成情感分析云图"，DeepSeek 可能会给出两种制作云图的方式：

❑ Python：使用 Wordcloud 库生成彩色词云的示例代码。

❑ 在线工具：WordArt.com 支持中文词云，可自定义形状与颜色。

并且将给出词频气泡图的最终效果示例，比读 100 条评论更直观。

（3）第三式：异常值雷达

反杀案例：电商公司的数据分析师输入"揪出销售数据中的异常值"，3 分钟发现核心异常：1 月 2 日（5000 元）和 1 月 4 日（4800 元）的新客户订单金额显著偏离正常范围。

预警系统：上传销售数据，输入如下内容。

帮我进行异常值监测，异常规则如下：

❑ 指标：当日销量。

❑ 阈值：当日销量相比前一天下降超过 30%。

❑ 区域分组：按"区域"分组，分别检测每个区域的销量变化。

即可得到"出现异常值的区域、销量下降百分比、异常原因分析、处理建议以及可视化辅助"等信息。用这个方法 5 分钟就能揪出销量异常，让团队快速响应！

彩蛋：输入"帮我找数据里的惊喜"，可能发现某冷门产品在 Z 世代群体中悄然走红："手工编织手链：900% 增长，Z 世代新宠！便携式榨汁机：健康生活方式象征，100% 增长！个性化笔记本：文创黑马，200% 增长！"

（4）第四式：移动办公术

1）地铁办公术：老板催周报时，手机上传数据并输入"生成战地记者式简报"，5 秒后收到分析速报。

①销售前线：战果辉煌，捷报频传！

地区 A：2 月 28 日，销售额飙升至 8000 元，新增客户 4 人，战绩斐然！

地区 B：2 月 26 日，销售额 7000 元，新增客户 5 人，打响本周第一枪！

②前线观察：亮点与挑战

亮点：

地区 B 表现抢眼，连续两日销售额突破 7000 元，新增客户数领跑全队！

项目 X 进展迅速，一周内完成度提升 10%，团队协作高效！

……

③前线记者点评

"本周战果辉煌，但胜利的号角尚未吹响！地区 B 的强势表现令人振奋，地区 C 的潜力亟待挖掘。项目前线稳步推进，但需警惕资源分配不均的风险。下周，让我们继续冲锋，向着更高的目标前进！"

2）咖啡厅休闲指南：打开笔记本输入"来份华尔街日报风图表"，周围人以为你在操盘美股。

3）厕所时间管理：蹲坑时语音输入"总结今天销售关键数据"，起身就能在晨会侃侃而谈。

（5）第五式：跨次元拼接术

1）文件杂烩处理：把市场部的 Excel、技术部的 JSON、销售部的 PDF 全拖进界面，输入"合并后分析客户画像"，可能会得到 DeepSeek 生成的"详细的合并后数据、客户画像分析、客户分群与策略建议、可视化建议"等信息。

2）时空穿越术：对比 2019—2024 年数据时，输入"帮我把五年前的数据换算成现在的物价"，DeepSeek 会结合通货膨胀率进行折算。

预言家模式：输入"按这个趋势明年会怎样"，DeepSeek 可能会给出："销售金额增长趋势、年均增长率、2025 年 Q4 销售金额预计达到的金额，并给出资源分配建议：在 Q3 和 Q4 增加库存和人力资源，以应对销售高峰。市场推广：在 Q2 和 Q3 加大促销力度，进一步提升销售额。风险管理：关注外部经济环境变化，及时调整销售策略。"

4. 总结

当同事还在为折线图断点抓狂时，你已靠在椅背上喝着咖啡，欣赏系统自动生成的《数据背后的十个财富密码》。此刻你不再是表格小白，而是掌控数字魔法的现代巫师——毕竟在这个时代，会提问的人永远比会编码的人先吃到蛋糕。

📃 试一试

在 DeepSeek 里上传本季度的销售数据，让它分析销售数据的波动情况并给出建议。

📃 小贴士

1）起名技巧：文件别叫《最终版 123 改了这个真的不改了》，建议改为

《华东销售 _2023Q3_ 清洁版》

2）提问心法：把"分析数据"升级成"找出让老板眼前一亮的三点"。

技巧 38　DeepSeek + WPS 灵犀：打造高效办公的利器

在如今高强度的职场环境中，文档处理无疑是每个职场人的日常挑战。无论是撰写报告、处理数据，还是制作演示文稿，我们常常被卡在烦琐的流程中，效率低下。更令人头疼的是，当领导突然要求修改文档时，原本就紧张的进度更是雪上加霜。如果文档能够自动处理，相信很多人都愿意为此付出代价。

但其实你不需要等待未来科技，WPS 灵犀与 DeepSeek R1 的组合就能立即提升你的办公效率。整个配置过程就像拼装乐高积木一样简单，只需三步，你就能拥有一个 24 小时待命的 AI 办公助手。

1. 三步搞定 WPS 技巧

（1）第一步：升级 WPS，激活 DeepSeek R1

首先，为你的 WPS 进行一次全面升级。前往官网下载最新版（Windows 系统 WPS 版本：12.1.0.20305），安装完成后，打开 WPS 文档，单击左侧的"灵犀"按钮，找到并开启 DeepSeek R1 的紫色开关。这一操作相当于给 WPS 安装了一个"智能大脑"，让它瞬间获得 AI 的强大能力。

操作提示：如果你找不到"灵犀"按钮，可能是版本未更新。就像找不到遥控器时，先检查电池是否装好，请确保你的 WPS 是最新版本。

（2）第二步：一键启动，告别卡顿

DeepSeek R1 的最大亮点是其双通道负载均衡技术。当检测到 DeepSeek 官方 API 繁忙时，WPS 灵犀会自动切换到备用服务器（例如硅基流动），确保服务的稳定性。实际测试显示，复杂文档处理任务的平均耗时从 3 分钟缩短至 40 秒，且不再出现"服务器超时"的提示。

操作提示：如果经常遇到卡顿，检查网络连接是关键。再强大的 AI 也离不开稳定的网络支持。

（3）第三步：场景化应用，效率倍增

DeepSeek R1 不仅能帮你快速生成文档，还能完成多种办公任务：

1）文档生成：输入"月度销售报告框架"，AI 会自动生成结构化内容，节省构思的时间。

2）数据分析：选中表格区域，输入"分析客户满意度趋势"，AI 会输出可视化图表，让数据一目了然。

3）智能校对：单击"审阅"→"AI 校对"选项，AI 会帮你检查语法错误并优化文本风格，让文档更专业。

4）操作提示：如果对 AI 生成的内容不满意，可以手动调整。AI 是助手，最终决策权仍在你手中。

2.总结

WPS 灵犀与 DeepSeek R1 的结合为现代职场人士提供了强大的办公效率提升工具。只需三步——升级 WPS、启用 DeepSeek R1、探索其多种应用场景，你就能拥有一个高效的 AI 助手。无论是文档生成、数据分析，还是智能校对，DeepSeek R1 都能显著提高工作效能，让你从烦琐的任务中解脱出来，轻松应对各种办公挑战。

试一试

输入"生成项目进度报告框架"，观察 AI 如何快速生成结构化的报告模板，直接填充内容即可完成初稿。

小贴士

1）多尝试不同功能：DeepSeek R1 不仅能生成文档，还能处理数据、校对文本，甚至帮你制作 PPT。多尝试它的各种功能，你会发现更多惊喜。

2）保存常用模板：如果你经常处理类似的任务，可以将 AI 生成的内容保存为模板，下次直接调用，效率翻倍。

3）注意数据安全：虽然 DeepSeek R1 支持联网功能，但在处理敏感数据时，建议关闭联网模式，避免信息泄露。

技巧 39　DeepSeek + 飞书：开启智能办公新体验

随着对 DeepSeek 服务需求的快速增长，其服务器面临巨大压力，用户体验受到影响。为解决这一问题，市场上涌现出多种替代客户端和服务，许多应用也宣布将 DeepSeek R1 集成到其平台中。DeepSeek 在 GitHub 上创建了一个专门项目，展示各种集成 DeepSeek 模型的应用和服务，包括 Chatbox、思源笔记等，以及智能体框架、RAG 框架和浏览器或 IDE 插件等，形成了一个快速发展的开源生态系统。

在办公软件领域，飞书最近集成了 DeepSeek R1，为用户带来了全新的 AI 交互体验。以往，AI 的使用通常是一次性输入一个提示词，进行一对一的交互。但如果需要批量处理任务，就需要更复杂的操作，比如在撰写文献综述时，需要从大量文献中筛选信息，再通过 API 调用进行处理，整个过程不仅烦琐，而且透明度低。

然而，DeepSeek R1 与飞书的结合改变了这一现状。每个表格单元格都变成了一个自然的提示词输入框，使得批量处理任务变得直观且简单。用户只需将数据粘贴到表格中，DeepSeek R1 就能自动按顺序处理。

这种结合不仅提高了透明度和控制力，还显著提升了工作效率。例如，社交媒体上的用户已经分享了他们如何利用这一组合提升工作效率的经验，甚至有用户表示，这种方法比其他平台（如 Notion）更加高效和实用。此外，DeepSeek R1 在生成吸引人的商品标题或创作完整文章方面也表现出色，极大地提升了内容创作者的工作效率。

1. 如何在飞书中使用 DeepSeek R1

1）确保拥有飞书账号，然后新建一个多维表格，保留默认的第一列作为提示词列，删除其他列。

2）添加一列并搜索"DeepSeek"，配置 DeepSeek R1 模型，选择之前设置的提示词列，并可设置全局提示词。

3）在提示词列中输入关键词或场景，等待 DeepSeek R1 完成任务。

4）启用"自动更新"功能，每次修改提示词后都能即时获得反馈，提高工作效率。

2．总结

DeepSeek R1 与飞书的集成不仅简化了 AI 的使用流程，还显著提高了处理效率。它让原本复杂的过程变得更加直观和易于管理，无论是进行批量处理还是个性化内容生成，都能大幅提升工作效能和质量。

🔲 试一试

创建一个新的多维表格，按照上述步骤配置 DeepSeek R1，在提示词列中输入"生成产品推广文案"，观察 AI 如何根据你的输入自动生成内容。

🔲 小贴士

1）充分利用自动更新：启用该功能后，每次修改提示词都能立即得到 DeepSeek R1 的反馈，这对于需要频繁调整的任务尤其有用。

2）灵活运用提示词：根据任务需求定制提示词，可以获得更精准的结果。

3）探索更多应用场景：DeepSeek R1 不仅适用于文本生成，还可用于数据分析、信息提取等多种场景，不妨尝试拓展它的用途。

技巧 40　DeepSeek + Xmind：快速生成思维导图

我们都有过这样的崩溃时刻：面对一本新书、一份报告或一堆会议纪要，明明内容都看过，但真要整理出逻辑框架时，大脑却像被猫咪抓过的毛线团一样越理越乱。

传统整理方法就像手工织毛衣：用 Word 列大纲耗时费力，手动拖拽思维导图节点更是容易漏掉重点。更可怕的是，当你辛苦整理两小时后，突然发现有个关键概念被埋在第三级目录里，此时的心情简直就像发现刚砌好的砖墙里有一块歪了，恨不得把整面墙都拆掉重来。

其实，解决这个问题只需要两个工具：DeepSeek 当信息捕手，Xmind 当架构师。前者负责把散落的信息变成规整的乐高积木，后者负责把这些积木搭建成壮观的城堡。整个过程就像把杂乱衣橱变成宜家样板间，只需以下关键三步。

1. 给知识装上吸尘器

无论是书籍、PDF 还是会议记录，先把所有材料丢给 DeepSeek。它能像超市扫码枪一样，瞬间识别内容的骨架结构。

❑ 对书籍，直接和 DeepSeek 说"输出《人类简史》的框架，用 Markdown 格式"。

❑ 对文档，单击"上传"按钮，附加指令"提取三级目录"。

❑ 对会议录音文字版，要求"总结 5 个决策点 +3 个待办事项"。

30 秒后你就会得到一份自带 # 标题、## 章节、### 要点的结构化文档，比手工整理快 10 倍，还不会漏掉老板强调的"那个很重要的点（具体是哪个点他也没说清）"。

2. 给文档施变形咒

拿到 DeepSeek 输出的 Markdown 文件后，要让它顺利变成思维导图，可以新建一个 txt 文档（记事本），把 DeepSeek 输出的内容复制进去，然后把 txt 文档的后缀名改成 .md。

3. 见证知识开花

打开 Xmind，单击"导入 Markdown"的瞬间，魔法发生了：原本死气沉沉的文字突然像乐高零件自动拼装，标题变成主干，章节变成树枝，要点化作叶片。你可以：

❑ 按住 Alt+ 鼠标拖动整个分支。

❑ 用 Ctrl+Enter 给关键节点加闪电图标。

❑ 把"待讨论"事项标记成红色预警。

原本需要半天的工作，现在 20 分钟就能产出可以直接贴进周报的思维导图。更妙的是，当领导指着某处问"这个逻辑怎么来的"时，你随时能从导图节点溯源回原始文档的具体段落。

4.总结

可以使用 DeepSeek 将各类材料（如书籍、文档、会议记录等）快速转化为结构化的 Markdown 文档，提取关键信息，避免遗漏；将 Markdown 文件转换为可导入 Xmind 的格式；利用 Xmind 将结构化文档转化为思维导图，快速调整布局并添加标记，大幅提升整理效率。

📋 试一试

1）把上周的周报丢给 DeepSeek："提取三个核心项目进展、两个翻车预警、一个能让老板拍大腿的亮点，用 ## 分级"。

2）把生成的 Markdown 文件改名为"升职加薪密码 .md"。

3）导入 Xmind 后，按住 Ctrl 键狂拖节点，你会得到一张堪比《盗梦空间》的思维迷宫——记得把"翻车预警"分支改成红色，保证老板目光锁定不超过 3 秒。

技巧 41　DeepSeek + Draw：快速搞定流程图

在这个快节奏的职场中，流程图已经成为项目管理的必备工具。无论是产品研发、业务流程，还是系统架构、应急预案，流程图都能通过可视化的方式大幅提升团队协作效率。然而，很多人在制作流程图时常常陷入困境：逻辑梳理不清耽误 2 小时、反复调整排版浪费 1 小时、配色混乱被领导打回修改……这些经历让本该高效的工具变成了时间黑洞。

现在，只要掌握 DeepSeek+ 绘图工具的组合拳，你也能成为"1 分钟出图"的效率王者。具体该如何操作呢？只需以下关键三步。

1.三步完成绘图技巧

（1）第一步：用 DeepSeek 生成逻辑框架

向 DeepSeek 提出你的需求，比如："请帮我设计一个处理用户投诉的业务流程图，用 Mermaid 格式输出。"DeepSeek 就会迅速为你生成一份详细的流程图代码。这一步相当于让 AI 帮你完成了最烧脑的逻辑梳理工作，省去了你抓耳挠腮的时间。

操作心法：如果你不确定流程图的细节，可以先给 DeepSeek 一个粗略的框架，比如"电商订单处理流程"，然后逐步细化需求。AI 会根据你的描述生成初步方案，你再根据实际情况调整。

（2）第二步：运用好你的流程图助手——绘图工具

有了 DeepSeek 生成的流程图代码，接下来就要轮到智能绘图工具出场了。以 draw.io 为例，它是一款完全免费的在线绘图工具，支持 Mermaid 语法导入，流程图生成功能非常强大。

下载安装 draw.io 后，打开 draw.io，并创建新绘图。在菜单栏中单击"＋"，选择"高级"选项，选择"Mermaid"。将 DeepSeek 生成的代码粘贴进去，draw.io 会自动将代码转换为可视化流程图。

整个过程只需要 1 分钟，你就能得到一份专业级别的流程图。这感觉就像把生米倒进电饭煲，按下按钮就能吃到香喷喷的米饭。

（3）第三步：个性化修改流程图

在 draw.io 中，你可以对流程图进行二次修改，使其更符合业务需求。比如：

1）调整图形样式：让流程图看起来更符合公司业务流程。

2）修改连接线风格：用箭头、虚线等区分不同流程节点。

3）添加注释说明：在关键节点加入备注，方便团队成员理解。

操作心法：如果你对配色一窍不通，可以直接使用 draw.io 自带的主题模板，一键美化流程图，避免被领导打回重做。

2. 总结

在职场中，流程图是提升团队协作效率的关键工具，但制作流程图往往耗时费力。现在，借助 DeepSeek 和绘图工具的组合，可以高效生成专业流程图。首先，通过 DeepSeek 提出需求并获取 Mermaid 格式的流程图代码，完成逻辑梳理。接着，使用 draw.io 等免费绘图工具导入代码，快速生成可视化流程图。最后，在 draw.io 中进行个性化修改，如调整图形样式、修改连接线风格和添加注释，使其更贴合业务需求。整个过程仅需几分钟，即使对配色不熟悉，也可使用 draw.io 的主题模板一键美化，避免反复修改。

　　🔖 试一试

　　假设你是一位拥有 10 年经验的系统架构师，现在需要设计一个电商订单处理流程图。你可以向 DeepSeek 提出以下需求："请帮我设计一个电商订单处理流程图，用 Mermaid 语法输出。流程图需包含用户下单、支付验证、库存锁定、物流分配 4 个核心环节，并标注异常处理流程。"你会快速收获一份马上可用的流程图，连老板都忍不住为你的高效率点赞！

　　🔖 小贴士

　　1）复杂流程图先找 AI：当你面对复杂的流程图任务时，先让 DeepSeek 生成逻辑框架，重点是要让它以 Mermaid 格式输出，之后再借助绘图工具一键生成可视化图形。

　　2）多尝试不同的工具：除了 draw.io，还可以试试其他支持 Mermaid 语法的工具，比如 Typora、VS Code 等，找到最适合你的那一款。

　　3）保存模板：如果你经常需要制作类似流程图，可以将 DeepSeek 生成的代码保存为模板，下次直接调用，效率翻倍。

技巧 42　DeepSeek + 微信：打造高效 AI 一站式服务体验

　　在移动互联网时代，微信早已成为国民级应用，几乎涵盖了人们日常生活的方方面面。然而，随着 AI 技术的快速发展，用户对信息获取的需求也在不断升级。过去，想要用 AI 工具查资料、写文案、做规划，总免不了在多个 App 之间来回切换，既烦琐又低效。这种"工具分散化"的体验，显然已经无法满足用户对高效、便捷的需求。

　　尽管微信已经集成了众多功能，但在 AI 能力上却一直未能实现突破。用户在使用微信时，仍然需要依赖其他 AI 工具来完成复杂任务，比如生成 PPT 大纲、规划旅行路线等。这种割裂的体验不仅降低了效率，也让用户对微信的期待值逐渐降低。如何在微信内实现"一站式 AI 服务"，成为一个亟待解决的问题。

那么，如何让微信在保持其社交属性的同时，还能为用户提供强大的 AI 能力，彻底解决"工具分散化"的痛点呢？

答案就是：微信接入 DeepSeek R1 模型。这场技术升级不仅是一次简单的功能迭代，更是一场信息获取方式的革命。通过将 DeepSeek R1 的强大 AI 能力融入微信，用户可以在聊天窗口内完成几乎所有 AI 驱动的任务，无须再切换其他应用。

1. 即问即答，高效获取关键信息

过去，用户需要打开多个 App 才能完成的复杂任务，现在只需在微信搜索框中输入问题，DeepSeek R1 就能"即问即答"。无论是深夜赶工需要一份 PPT 大纲，还是临时起意想规划旅行路线，DeepSeek 都能快速给出答案，并直接呈现关键信息。更贴心的是，答案还会标注引用来源（如权威网页或公众号文章），确保信息的可靠性。

2. 展示思维链，让 AI 思考透明化

DeepSeek R1 不仅提供答案，还会在思考过程中展示自己的思维链。这种透明化的思考方式，让用户能够清晰地了解 AI 是如何得出结论的，从而增强对结果的信任感。比如，当你询问"如何规划一次周末旅行"时，DeepSeek 会一步步展示从目的地选择到行程安排的逻辑，让你知其然更知其所以然。

3. 社交化传播，形成信息闭环

微信搜索的结果不仅可以直接使用，还具备社交功能。用户可以将问题页面转发给朋友或发到朋友圈，形成"提问—解答—传播"的信息闭环。这种社交化的传播方式，不仅让信息流动更加高效，还能激发更多人的参与和讨论。

4. 多场景覆盖，AI 能力无处不在

除了微信，腾讯旗下多款产品也已经接入 DeepSeek R1 模型。比如，腾讯云的 API 接口、腾讯 img 的 AI 工作平台、腾讯元宝的联网搜索功能，甚至 QQ 音乐的 AI 助手，都深度整合了 DeepSeek 的能力。这意味着，用户可以在更多场景中享受到 AI 带来的便利。

5. 总结

微信通过接入 DeepSeek R1 模型，实现了在聊天窗口内完成多种 AI 任务的功能，无须切换应用，大大提升了信息获取的效率和便捷性。它不仅能快速提供可靠答案，还展示思考链路，增强信任感。结合微信的社交功能，用户可以轻松分享信息，形成高效的信息闭环。这一升级标志着微信从单纯的社交工具转变为集成强大 AI 能力的工作助手，提供了更高效、便捷的一站式 AI 服务体验。

📋 试一试

尝试在微信搜索框中输入一些复杂问题，如"规划一次从北京出发的三天两夜旅行"，体验 DeepSeek R1 如何快速提供详细答案，并直接呈现关键信息。

📋 小贴士

1）如何判断是否被灰度到：点击微信首页顶部的搜索框，如果能看到"AI 搜索"这几个字，恭喜你，你已经成功体验到了 DeepSeek R1 的强大功能。

2）未被灰度到的用户怎么办：别着急，据腾讯透露，全量上线已进入倒计时，很快你也能体验到这场"进化革命"。

技巧 43　DeepSeek 超级好用的功能：知识库定制化

当代职场人最心塞的瞬间：老板要你 10 分钟内找到三年前某份合同的补充条款，你却在无数的 PDF 里翻到瞳孔地震；写方案时明明记得某篇论文提过关键数据，却死活搜不出文件名；新员工问个基础操作流程，你愣是花了半小时才翻到对应的流程文档……这些场景每天都在消耗着打工人的时间。

纸质文档柜早被扔进历史垃圾桶，但电子文档管理也没好到哪去——文件命名（最终版、最最终版、打死不改版）、文件夹套娃（市场部 /2022/Q3/ 未分类 / 新建文件夹）、关键词搜索失效（搜索"报销流程"却跳出 200 份年会报销单）。更可怕的是，当你终于找到文档，却发现需要的信息藏在第 48 页第 3 段的小括号里。

有没有办法让堆积如山的文档像活字典般随问随答？怎样让新员工不用培训就能自助获取知识？如何确保核心资料既方便调取又不外泄？这三个灵魂拷问，就是知识管理界的"哥德巴赫猜想"。

1. 第一招：文档喂食大法

（1）操作指南

1）登录 DeepSeek 后台，找到"知识食堂"入口。操作示意如图 4-9 所示。

图 4-9　操作示意（九）

2）把各种格式的"饲料"（PDF、Word、TXT）拖进投喂区。

3）系统自动把文档分解成知识颗粒（像把整头牛分解成牛排、牛腩、牛尾）。

（2）进阶技巧

1）下载 Cherry Studio AI 全能助理，进行配置模型。操作示意如图 4-10 至图 4-14 所示。

图 4-10　操作示意（十）

图 4-11　操作示意（十一）

图 4-12　操作示意（十二）

图 4-13　操作示意（十三）

图 4-14　操作示意（十四）

　　2）按部门 / 项目创建知识库（例如财务部喂报表、法务部喂合同）。操作示意如图 4-15 所示。

图 4-15　操作示意（十五）

3）定期加餐更新文档（例如每月 1 号喂最新行业报告）。操作示意如图 4-16
所示。

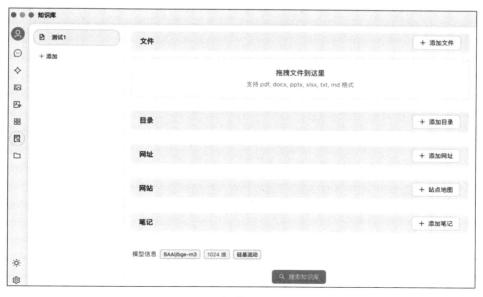

图 4-16　操作示意（十六）

4）剔除过期食品（例如把"2020 年旧版制度"移出菜单）。

2. 第二招：人话提问术

（1）正确示范

错误示范："找市场策略"。

正确示范："根据 2023 年 Q4 营销复盘报告，找出华北区渠道拓展的三个关键动作"。

（2）提问公式：场景 + 具体需求 + 格式要求

示例：

你是从业十年的法务专家，请用表格对比 2021 版和 2023 版《中华人民共和国数据安全法》中关于个人信息保护的差异点，并标注法律条文编号。

3. 第三招：权限开关魔法

（1）敏感信息防护三件套

1）角色分级：CEO 能看到并购预案，实习生只能看考勤制度。

2）水印防护：自动给导出内容打上"机密 - 仅限内部使用"。

3）溯源功能：每个回答都标注出处文档及页码（再也不怕被问数据哪来的）。

（2）实战案例：行政小王的逆袭

行政部小王把公司十年积累的 378 份制度文件、56 本操作手册、93 份合同模板全部投喂给知识库后：

1）新人问"怎么申请备用金"→ AI 秒回流程图。

2）老板要"近三年中秋福利方案"→ 5 秒生成对比表。

3）法务查"竞业协议最新模板"→直接推送带水印版本。

从此，小王从文档管理员升级为智能行政顾问。

试一试

现在登录 DeepSeek，把你们部门最常被问及的 5 个文档喂给知识库，试着问："用三点概括 ×× 项目风险管理方案的核心要点，并按操作步骤排序。"

🗐 小贴士

遇到 AI 答非所问时，不要骂它笨，请尝试以下操作：

1）检查文档是否清晰可识别（扫描件要文字版）。

2）给问题加具体场景（别说"找数据"，要说"找 2022 年华东区 Q4 销售额"）。

3）用扮演专家法提问（开头加"你是 ×× 领域专家，请……"）。

5

使用 DeepSeek 创作内容的技巧

技巧 44　高情商表达：让 DeepSeek 帮你把"硬话"变 "软糖"

在日常沟通中，经常遇到这样的场景：

☐ 同事发来一份漏洞百出的方案，你憋了半天回复："你这方案问题太多，根本不可行。"

☐ 家庭群里长辈转发养生谣言，你忍不住评论："这都是伪科学，别信这些。"

☐ 朋友聚会吐槽工作压力，你脱口而出："你这抗压能力也太差了。"

这些话虽然真实，但就像直接往对方嘴里塞苦瓜，道理没错，但谁听了都想皱眉。

1."硬核表达"的副作用

很多人误以为"高情商"就是圆滑客套，其实核心在于"降低认知摩擦"。就像同样说"方案有问题"，低情商表达像用砂纸擦脸，高情商表达则是给批评裹上一层蜂蜜。比如面对漏洞百出的方案，DeepSeek 建议的回复可能是："感谢你的努力，这个方案很有潜力，我们可以一起优化几个地方。"既指出问题，又保留对方颜面，还给出具体改进路径。

2.三招炼成"语言柔术"

（1）共情缓冲垫

在表达观点前，先接住对方的情绪。

比如把"你完全没考虑成本"改成"成本控制确实是关键难点，我们在前期调研时也花了很多精力，要不要一起看看第 6 章的预算部分怎么优化？"

再如对于"如何委婉提醒同事方案超预算"，DeepSeek 可能会生成："这个方案的方向很好，不过我有点担心预算的问题。根据我的计算，A 部分可能会超出约 20%。我们是否可以考虑用 B 替代 A，或者分阶段实施？我很乐意和你一起讨论如何优化。"

（2）积极语言转化器

把否定句改造为可能性。

比如把"这个计划行不通"改成"我们试试从用户画像维度重新切入如何？"

又如把"你别总迟到"改成"早到十分钟的话，我们可以先喝杯咖啡聊聊新创意。"

再比如"把'你别总打断别人说话'改成积极表达"，DeepSeek 可能会输出："等小张说完我们再补充观点，这样讨论更高效哦。"

（3）绝对化表达过滤器

消灭"总是、从不、肯定"等词语。

比如把"你从来不听建议"替换为"上次关于用户调研方式的建议，如果现在调整还来得及"。

又如把"肯定要失败"改成"目前方案的风险点集中在推广环节，我们需要备选计划"。

再比如"把'这绝对不可能成功'转化为建设性反馈"，DeepSeek 可能会建议："这个方案在资金方面可能会遇到一些挑战，比如超出预算。我们可以考虑调整预算，或者尝试联系银行等方法，看看是否能提高可行性。"

3. 为什么 AI 更适合当"情商教练"

真人练习高情商沟通常有心理负担，但对着 DeepSeek 可以放肆试错。它能瞬间生成 10 种不同的表达方式，就像有个 24 小时在线的语言调音师。更重要的是，AI 没有情绪记忆——你就算让它改写 100 次，它也不会记仇。

4. 总结：说话的温度计

高情商表达不是委曲求全，而是用建设性的方式让真话更容易被接受。就像做菜时加的那勺糖，既不影响食材本味，又能让味道更易入口。通过 DeepSeek 的实时改写训练，你会发现那些曾经说不出口的"硬道理"，都能变成让人接受的"软建议"。

📖 试一试

在 DeepSeek 中输入"把'你这报告全是错误'改成建设性反馈"。

📖 小贴士

遇到需要提意见的场合，先问自己三个问题：

1）对方最在意的价值点是什么？

2）我的建议能附着在这个价值点上吗？

3）如果用"我们可以……"代替"你应该……"，会不会更易接受？

技巧 45　写作升维引擎：让 DeepSeek 帮你解决写作中升华主题的难题

在创作的征程中，你是否时常有这样的苦恼：写出来的内容总是停留在表面，难以站在更高的视角去审视主题，亦无法让主题得到有效的升华？明明渴望文章能引发读者深度共鸣，最终却常常事与愿违，好似被困在一个狭小的思维牢笼之中。不过，别再为此沮丧，因为 DeepSeek 就像一位智慧的引路人，引领我们冲破这重困境，让写作中升华主题不再是难题。

1.高度视角转化器：从小事到社会价值

当手中素材围绕个人或小群体平凡事件时，DeepSeek 的"高度视角转化器"就能发挥奇效。例如写一位社区志愿者照顾独居老人的日常小事，它能引导我们站在社会高度来看待。可以将之转化为："这位志愿者的善举体现了社会互助互爱、尊老敬老传统美德在基层社区的生动实践，增强了社区凝聚力，推动社会文明进步，为和谐社会构建添砖加瓦。这让我们懂得，平凡小事也能折射巨大社会价值。"

2.价值跃升助推器：从单一到多元价值

若最初只看到某事物的单一价值，"价值跃升助推器"能助你开拓思维，发现其多元价值。比如写一部科幻电影，原本只提及娱乐价值，经转化后会发现其不仅带来视觉和情节享受，还具有教育价值，引发对科技、人类未来的思考，同时具备文化价值，传播独特观念，促进文化交流融合，拓宽了我们对事物价值的认知边界。

3. 时代关联融合器：从个体到时代精神

创作聚焦个体经历时，"时代关联融合器"能让个体与时代紧密相连。比如一位创业者在商海的拼搏故事，经转化可表述为：他的经历是当下创新、拼搏精神的写照。在大众创业、万众创新时代，创业者们的奋斗成就个人梦想，也为经济发展注入活力，推动时代前进，使个体故事成为时代精神的生动注脚。

4. 全局视野拓展器：从局部到整体格局

若原本只关注事情的局部情况，"全局视野拓展器"能让我们从全局角度思考。如分析某地区某行业发展瓶颈，它会指出这反映出行业在产业结构优化、技术升级转型的共性问题。解决该地区问题需从产业链角度出发，加强协作、整合资源、提升行业竞争力。培养我们以宏观视野看待局部问题的能力。

5. 总结

DeepSeek 的"写作升维引擎"宛如一双有力的翅膀，帮助我们在写作时提高站位。它让我们从更高、更宽、更深的角度审视主题，将主题有效升华。有了它，我们无须再为文章的深度和高度发愁，能让文字拥有穿透人心、引发深入思考的能力。

📖 试一试

使用 DeepSeek 为你升维过去你曾写过的文章。

📖 小贴士

主题升华三锦囊。

1）高度视角转化：构建全局认知框架。

2）深度意义挖掘：揭示本质价值链条。

3）时代关联融合：增强现实穿透力。

技巧 46　AI 模仿术：三分钟让机器成为你的灵魂写手

凌晨两点半的写字楼里，键盘声此起彼伏。新媒体运营在反复修改品牌推文，历史小说作家对着李世民的人物独白发愁，市场部新人正对着商务邮件抓耳挠腮——这些看似毫无关联的群体，都在经历同一种精神"酷刑"：如何让文字精准传递特定风格？

当甲方要求"要大气又不失俏皮"，当老板指示"像乔布斯发布会那样有感染力"，多数人陷入死循环：疯狂堆砌形容词描述风格（结果产出四不像）、翻遍案例库找参考（时间成本爆炸）、反复修改陷入自我怀疑（效率跌破地平线）。更可怕的是，当你终于写出合格的文案，热点早已错过。

"要模仿余华老师的风格"这种指令，在 AI 眼里就像让人"用蓝色画出香蕉的味道"。我们与机器之间横亘着人类特有的模糊感知屏障。但有个秘密武器能瞬间打破次元壁——模仿指令术。

1. 终极答案：四步驯服 AI 成为风格模仿大师

（1）第 1 招：精准投喂样本

别让 AI 猜谜，直接甩案例！就像教鹦鹉学舌一样，得先当面说给它听。关键要选典型代表作：模仿作家就选其标志性段落，学商务邮件就找公司往期精品。重要技巧是把样本粘贴在指令前，用双引号框住作为"教科书"，就像给 AI 戴上特制滤镜。

案例示范："余华《活着》选段：老人黝黑的脸在阳光里笑得十分生动，脸上的皱纹欢乐地游动着……请模仿上述文风描写黄昏的集市。"

（2）第 2 招：要素拆解大法

AI 有时会模仿错重点，得像教练分解动作般明确要求。五维定位法超实用：

❑ 词汇特征（文言、网络梗、专业术语）

☐ 句式结构（长抒情、短冲击）

☐ 修辞偏好（比喻、排比 / 反讽）

☐ 情感基调（激昂、克制、黑色幽默）

☐ 节奏韵律（诗化、口语化）

实战模板："请模仿下文，着重还原其①密集的短句结构②克制的情绪表达③留白式结尾：东京的雪落得突然，像被撕碎的旧情书……"

（3）第 3 招：时空穿越指令

当需要特定时代 / 场景语感时，时空坐标就是密钥。试试以下这个公式：

$$时代 / 地域 + 身份 + 场景 + 载体 = 精准复刻$$

李世民独白案例进阶版："以初唐文言为基础，模拟玄武门之变后军事统帅在私人日记中的表述方式，适当保留口语化特征，避免过于书面化。"

（4）第 4 招：跨界移植魔法

最高阶的模仿是跨载体风格移植。比如把产品说明书写成武侠小说："用金庸《笑傲江湖》的叙事风格，描写智能手机从待机到唤醒的过程，突出'江湖重逢'的意境"。

2. 总结

当代创作者已不必在风格迷宫里碰壁。记住这个创作悖论：最聪明的"原创"往往始于最聪明的"模仿"。下次当甲方再要"王家卫式科技文案"时，你完全可以喝着咖啡优雅地回复"给我三分钟。"

📖 试一试

请根据文章方法论完成以下题目。

1）若需模仿海明威"电报式文风"，应重点拆解哪三个要素？（答案：短句结构、白描手法、克制情感）。

2）请将产品说明书改写成《红楼梦》风格，补全时空穿越指令："以_____为基础，模拟_____在_____场景中的表述方式，突出_____特征"（答案：明清白话、世家公子、大观园夜宴、诗化比喻）

3）当 AI 模仿张爱玲风格却过度堆砌比喻时，应强化哪两个维度的约束？（答案：修辞密度控制、留白节奏调节）

📖 小贴士

1）样本不超过 300 字（防止 AI 记忆混乱）。

2）新旧内容比例为 3：7（避免抄袭嫌疑）。

3）用"保留……调整……"句式微调（保留专业术语，调整得更口语化）。

技巧 47　公文解构仪：三秒提炼公文核心内容与底层逻辑

在办公过程中，你是否常常被堆积如山的公文和杂乱无章的信息弄得焦头烂额？那些晦涩的术语、复杂的句子结构，就像迷宫一般让你找不到出路。别担心，接下来为你介绍一系列 DeepSeek 结构公文的实用技巧，帮你轻松解读公文、处理杂乱信息。

1. 公文语法剖析机：把晦涩长句变成清晰要点

当你看到公文中这样的表述："鉴于当前市场环境的复杂性以及本司业务多元化发展的战略需求，需要对既有业务流程进行全面且系统的梳理，同时结合新兴技术的应用前景来制定具有前瞻性和可操作性的优化方案。"别被这冗长的句子吓倒，公文语法剖析机将施展它的魔力。

通过 DeepSeek "提取句子的关键主谓宾，再剥离出核心的逻辑关系"，这句话可以被解读为："由于市场环境复杂和业务多元化，本司需要梳理业务流程并结合新兴技术，以制定具有前瞻性和可操作性的优化方案。"这样一来，公文的核心诉求就一目了然，你可以迅速知晓工作的重点方向。

2. 政策导向雷达：把原则要求变成行动指南

公文中常常出现政策性的原则要求，比如"要秉持公平公正、公开透明的原则，加强对市场活动的监管，促进市场健康有序发展"。此时，政策导向雷达就派上用场了。

让 DeepSeek "深入分析这些原则背后的具体指向和操作要求，将此要求转化为具体行动指南要点"，输出如下：

1. 原则背后的具体指向和操作要求分析

（1）公平公正

1）具体指向：确保所有市场参与者享有平等的竞争机会，避免偏袒或歧视。

2）操作要求：制定明确的规则和标准，确保规则的执行不受外部因素干扰。

（2）公开透明

1）具体指向：提高市场活动的透明度，让所有参与者都能获取必要的信息。

2）操作要求：建立信息公开机制，确保信息的及时、准确和全面披露。

2. 具体行动指南要点

（1）制定和执行公平竞争规则

1）制定规则：制定详细的公平竞争规则，明确禁止的行为和处罚措施。

2）执行规则：设立独立的监管机构，负责规则的执行和监督。

（2）建立信息公开机制

1）信息收集：建立信息收集系统，确保所有市场活动的数据能够被及时记录和存储。

2）信息披露：定期发布市场活动报告，确保信息的公开透明。

（3）加强监管和审计

1）监管措施：加强对市场活动的日常监管，定期进行检查和评估。

2）审计机制：引入第三方审计机构，对市场活动进行独立审计，确保公正性。

（4）培训和宣传

1）培训：对市场参与者进行公平公正和公开透明原则的培训，提高他们的意识和理解。

2）宣传：通过多种渠道宣传这些原则，增强公众的认知和支持。

（5）反馈和改进机制

1）反馈渠道：建立反馈渠道，收集市场参与者和公众的意见和建议。

2）持续改进：根据反馈意见，不断改进和优化监管措施和信息公开机制。

通过以上具体行动指南要点，可以有效地将公平公正、公开透明的原则转化为实际的操作步骤，促进市场的健康有序发展。

这样就能根据公文要求开展切实可行的工作。

3. 数据筛选滤网：把海量数据变成关键指标

在面对大量的数据信息时，如各种统计报表、调查数据等，很容易在数据的海洋中迷失方向。利用 DeepSeek 进行数据筛选过滤，就能帮你找出关键数据。

如果一份市场调研报告中包含了不同地区、不同年龄段、不同产品类别的销售数据等海量信息。通过 DeepSeek 明确分析目标，比如你想了解某一核心产品在重点市场的销售表现，利用 DeepSeek 进行数据筛选，就可以快速把与核心产品无关的数据、非重点市场的数据剔除，提取出销售量、销售额、市场占有率等关键指标，让你快速掌握核心数据的情况。

4. 信息关联拼图：把零散信息变成完整图景

有时，公文中的信息是以零散的形式存在的，比如不同部门的报告、不同时间的会议纪要等，使用 DeepSeek 对不同信息进行关联，就可以将这些零散信息整合起来。

假如在一份关于企业项目推进的文件中，不同环节的进展信息分散在各个部门报告里，技术部门提到了技术研发的进度，市场部门谈到了市场调研的结果，财务部门汇报了资金使用情况。通过分析这些信息之间的内在联系，如技术研发进度可能影响产品的上市时间，市场调研结果会指导资金的后续投入方向等，DeepSeek 能将这些零散信息拼凑成项目推进的完整图景，从而更好地做出决策和规划。

5. 总结

掌握好利用 DeepSeek 对公文解读和复杂信息的处理技巧，就如同即刻拥有一位得力的办公助手。它能把晦涩难懂的公文变成清晰的工作指令，把海量杂乱的信息变成有价值的决策依据。学会运用这些方法，你将告别办公中的信息困境，工作效率大幅提升。

📖 试一试

研究解读一个政策文件。

📖 小贴士

信息处理三招。

1）公文缩句公式：挑出核心主谓宾和逻辑关系，如公文"为提升居民生活满意度，加大基础设施建设投入，各相关部门需协同合作，制定并落实具体方案"，可缩为"为提满意度，各部门合作落实基建方案"。

2）数据定位公式：明确分析意图，圈出关键信息，如分析企业盈利情况，就聚焦营业收入、成本、利润等数据。

3）信息串联公式：找零散信息逻辑联系，比如将人才招聘计划、培训方案和绩效评估关联，深刻理解组织业务逻辑。

技巧 48　版权卫士：文字合规扫描仪

你是否有过这样的担忧——辛苦创作的文字内容，可能在不经意间就陷入了版权纠纷的旋涡，或是在文字表达上触碰了合规的红线。每一个标点、每一段语句都像走在钢丝上的舞者，稍有不慎就可能引发大问题。有时候也许你只是单纯地引用了网络上的一段话，就可能埋下侵权的隐患。所以，你可以将 DeepSeek 当作文字合规扫描仪来使用。DeepSeek 在这方面能为创作者提供全面、高效且精准的支持，是你创作时不可多得的得力助手。

1. 版权侦探：揪出隐形的侵权风险

在发布文章前，你可千万别大意。将 DeepSeek 当作自己文章的"版权侦探"，将自己的文章全量输入 DeepSeek，在对话中使用提示词"请作为我的版权侦探，对这段文字进行版权问题查探"，它会像专业的调查员一样，对文字里所有可能存在的版权问题进行查探。

比如，你在文章中借鉴了网络上一段关于科技产品介绍的语句，可以将自己的文章全量输入 DeepSeek，在对话中使用提示词"我正在写一段我们公司产品介绍，为避免侵权抄袭等问题，对这段文字进行版权问题查探，并给出修改优化建议"，DeepSeek 就会找出这段语句，并提供详细的相似来源说明，告诉你哪些地方需要修改，是换一种表达方式，还是直接去掉这段内容。它还能对数据参考等方面进行检查，确保你使用的每一个素材都合法合规。

2. 合规雷达：扫描文字合规雷区

在不同的领域，文字内容都有严格的合规要求。比如，在商业宣传文案中，不能使用绝对化的夸大词汇；在新闻报道里，必须保证信息来源的真实性和可靠性。

所以，当你撰写一篇产品宣传文案时，一不小心用了"世界第一、绝对领先"这类绝对化的表述，你只需要将文案交给 DeepSeek，并发送提示词"请按照宣传策划行业涉及的广告法等法律、法规、标准，对这段文案进行检查，找出文案中不符合行业规定、标准及法律法规的部分，同时提供替代方案"，DeepSeek 马上就能识别并提示你这是广告法禁止使用的词汇，同时它还会根据不同行业的合规标准，为你提供合适的替代方案，让文案顺利通过审核。

3. 引用顾问：打造合法合规引用模板

在学术写作、报告撰写等场景中，合理引用他人的研究成果是必要的，但如果引用格式不规范，同样会带来麻烦。所以，当你想在论文中引用某本学术著作里的观点，不知道该用哪种引用格式时，将 DeepSeek 当作你的引用顾问，它就会根据不同的学术规范，如 APA、MLA、GB/T 7714 等，为你生成正确的引用格式。比如，输入要引用的内容及场景"我在写一篇遵循 APA 规范的论文，请帮我全网搜索，确定论文中各文段需要引用的内容……"。不论是脚注、尾注，还是文中夹注，它都能精准呈现，让你的引用专业且规范。

4. 总结

DeepSeek 的版权守护与合规扫描功能就是你文字创作路上的坚实护盾，为你披荆斩棘，扫除版权和合规方面的障碍。从此，你再也不用担心自己的文字作品会陷入版权纠纷和合规困境。

📖 试一试

用 DeepSeek 扫描你曾写过的文章有没有风险和未提及的引用。

📖 小贴士

版权合规三保障。

1）版权排查保障：DeepSeek 细致排查文字内容里与其他作品的相似之处，一旦发现高相似度区域，就会发出警示并给出处理建议。

2）合规条款匹配保障：根据不同的写作场景和行业规范，DeepSeek 会自动匹配相应的合规条款，检查内容是否符合要求，遇到不符之处及时纠正。

3）引用格式规范保障：无论何时需要引用他人成果，DeepSeek 都会提供准确、合适的引用格式，让你的学术和报告写作更加规范。

技巧 49　创意雷达站：60 秒扫描全网热点，短视频选题自动送上门

你是不是还在经历着用发际线换创意的痛苦，咖啡续到第三杯，文档依然空白，盯着电脑屏幕瞳孔呆滞：领导要求日更三条现象级创意脚本，而你却

还只能键盘敲烂死磕打工人穿搭的烂招，老套得身旁的绿萝叶子看到都蔫成表情包。

这种精神"酷刑"绝非个例——某职场社区调研显示，87% 的脑力劳动者每周要经历三次以上"灵感便秘期"。但仍旧有 13% 的"职场刺客"来去自如，掌握 DeepSeek 辅助解锁创意无限生成。

1. 教你如何追热点

爆款诞生的黄金窗口不在热搜挂榜时，而在词条爬升期。试着输入"三月三假期 + 办公室短视频选题"，AI 瞬间吐出"三月三，踏青去！办公室也能'云踏青'？"等 5 个反套路选题。更绝的是它能嫁接跨次元元素，比如把"MBTI 人格测试和年会穿搭"写成"MBTI 决定你的年会穿搭！16 型人格专属战袍大揭秘！""MBTI 专属！16 型人格年会妆容指南，让你惊艳全场！"。

2. 手把手告诉你实战案例，让你一个人就是"造梗工厂"

当其他同事还在用发际线换创意时，机灵鬼早就把 AI 调教成 24 小时待命的选题永动机。这不是职场作弊，而是赛博时代的进化论——打工人的生产力革命从来不是换工具，而是换脑子，毕竟人类的创造力应该用在更有价值的地方，比如指挥 AI 生成第 25 版《如何用 DeepSeek 写辞职信》的攻略。

3. 总结

AI 不是替代你的创意，而是把你从想创意的体力活中解放出来。

📖 试一试

用 DeepSeek 为你生成短视频创意清单。

技巧 50　数据炼金术：智能算法预测短视频爆款基因

你是不是还在用 Excel 表格玩"数据连连看"？凌晨三点瞪着后台密密麻麻的播放曲线，试图用肉眼解码完播率暴跌的密码，结果脑细胞阵亡速度比甲方改需求还快。某 MCN 机构调研显示，92% 的创作者把数据分析等同于抽盲盒——全靠祈祷引出下一个爆款，最后却发现自己连观众为什么划走都不明白，活像在迷雾里跳舞一样。

1. 观众解剖学：把划走率变成流量密码

别再对着 15 秒跳出率 70% 的数据怀疑人生了！ DeepSeek 能直接解剖观众弃坑的"时间点"，比如第 8 秒的特写镜头让用户误以为是广告。更狠的是，AI 能根据用户停留时长，反向生成"钩子公式"——输入"知识区 + 枯燥科普短视频时间分布技巧"，它会建议"0 ~ 10 秒：抛出问题或结论。10 ~ 30 秒：解释核心概念。30 ~ 60 秒：互动或悬念。60 ~ 90 秒：深入解析。90 ~ 120 秒：总结与升华。最后 10 秒：引导互动或预告。"，把观众按头安利成"学术吃瓜群众"。

2. 爆款拆解术：让爆款基因裂变

为什么别人的选题总能踩中流量风口？ DeepSeek 能一键拆解竞品爆款的"数据基因"：比如分析出职场赛道的完播率密码是前 5 秒出现键盘特写 + 第 20 秒插入阴阳怪气表情包，而美妆区的涨粉技巧在于每 60 秒抛出一个国货平替大牌的争议梗。

3. 总结

当同行还在用直觉赌爆款时，早有人把 DeepSeek 调教成"数据军师"。这是赛博时代的"概率革命"——真正的创作自由时代已经到来。

📑 试一试

用 DeepSeek 为你拆解爆款短视频基因，并给出可复制爆款短视频的裂变公式。

📑 小贴士

AI 数据炼金二式。

1. 爆款预判公式

用 AI 监控平台热搜词波动，在某职场热词搜索量破阈值时，火速发布《如何用钉钉日志创作意识流小说》。

2. 爆款基因对比术

用 AI 对比爆款与"扑街"视频的数据差异，输出避开数据天坑的操作建议。

技巧 51　小红书文案的"吸晴大法"

在这个随手一滑就有三百条笔记的时代，小红书的流量争夺战异常激烈。美妆博主刚晒完美白秘诀，下一秒就有护肤专家拆台；美食探店视频还没加载完，同款餐厅的避雷指南已经冲上热门。

更扎心的是，当你照着爆款模板写作业，系统却把你的内容判定为"低质重复"；好不容易憋出个自认为惊艳的标题，点击率还不如超市促销传单。这时候才明白，在小红书，光靠美图滤镜和"绝绝子"三件套早就行不通了。

不过别急着卸载 App，今天要揭秘的"黄金三角创作法"，配合 DeepSeek 这个智能工具，能让你的笔记像沾了 502 胶水一样牢牢黏住用户的手指。

1. 首图：给眼球下"迷魂药"

首图不是自拍背景板，而是 3 秒定生死的"钩子"。记住两个必杀技：痛点要扎心，解决方案要发光。

就像给熬夜党看黑眼圈对比图一样，给租房党看爆改出租屋案例。用 DeepSeek 生成首图文案时，记得输入产品核心卖点和用户画像。比如输入："请为美白防晒霜设计首图文案，主打 24 小时防晒不脱妆，目标用户是经常户外拍摄的摄影师"。AI 立马给你整出左半屏晒伤脸与右半屏水光肌的视觉暴击，再配上"太阳见了都绕道走"的魔性文案。

避坑指南：

1）别把首图当产品说明书，文字超过 7 个字算输。

2）痛点要用荧光色标出，解决方案字号放大三倍。

2. 标题：玩转关键词"捉迷藏"

标题不是高考作文题，而是行走的搜索引擎。记住这个公式：关键词＋反常识＋吊胃口＝爆款预定。

用 DeepSeek 生成标题时，先往它脑子里塞满行业黑话。比如输入："主题是露营装备推荐，关键词包含轻量化、多功能、颜值"。AI 可能给输出"轻过手机的黑科技帐篷，竟能变身星空影院？"。

心机操作：

1）把核心关键词藏在疑问句中，比如"谁说便宜没好货？"

2）用数字制造反差："月薪三千买得起的贵妇霜"。

3）加入表情符号当分隔符，但别超过 2 个。

3. 正文：把广告写成"闺蜜私聊"

正文不是产品发布会，而是《深夜食堂》的故事会。记住三步走战略：先卖惨，再逆袭，最后甩王炸。

用 DeepSeek 生成正文时，要给它注入特殊技能。比如输入"分享油痘肌自救经历，产品是控油面膜，主打 8 小时控油和修护屏障"。AI 会先哭诉戴口罩闷痘的血泪史，再凡尔赛式炫耀遇见本命面膜的过程，最后手把手教人用出护肤的仪式感。

加分操作：

1）用对比实验："左边脸涂××牌，右边脸涂我们的产品，结果快递小哥问我是不是去做了半永久磨皮。"

2）结尾必带互动话术："评论区揪 3 个宝子免费用，让我看看谁是锦鲤。"

4. 总结

下次打开小红书创作时，记住你不是在写笔记，而是在和算法玩谍战游戏。用这套黄金三角组合拳，让你的内容像火锅里的毛肚——七上八下就能抓住用户眼球。毕竟在这个注意力比金鱼还短的时代，不会用 AI 开挂的博主，迟早要加入"昨日发布 0 阅读"受害者联盟。

📑 试一试

在 DeepSeek 中输入"请为智能颈椎按摩仪创作小红书标题，关键词包括上班族、脉冲技术、高颜值，要求带反常识元素"。

📖 小贴士

重要的事情说三遍：敏感词过滤！过滤！再过滤！别说"最便宜"，改说"性价比天花板"，别提"治疗功效"，要说"带来舒适体验"。

技巧 52　AI 导演工作室：输入关键词生成好莱坞级分镜脚本

你是否经历过这样的甲方，在电话那头狂吼"我们产品的宣传画面要有《沙丘》的史诗感"，而我的朋友，亲爱的你正在看着第 18 版雷同的运镜脚本，感觉自己的创意库存比沙漠绿洲还贫瘠。传统分镜设计就像逼着诸葛亮手摇计算机——明明有东风借，偏要拿命算。

1. 秒出分镜模板，告别镜头语言贫瘠

还在用全景、中景、特写的老三样？ DeepSeek 能根据你的视频主题，自动生成电影级分镜模板。比如，输入"职场吐槽分镜脚本"，AI 会推荐 7 个分镜内容的组合，瞬间让视频质感拉满。

更绝的是，AI 还能根据你的要求，基于情绪曲线设计镜头。比如，当你输入"基于情绪曲线设计打工人崩溃瞬间镜头"，它会自动生成"平静的早晨、压力累积、焦虑升级、最后一根稻草、崩溃瞬间、无奈接受、结束"的分镜脚本画面、对白以及音效建议，完美契合从压抑到爆发的情绪节奏。

2. 嫁接电影技法，让你的视频秒变大片

如果想学诺兰的时间折叠或王家卫的抽帧效果，DeepSeek 能根据你的内容主题，自动匹配电影技法。比如，输入"设计通勤日常的电影技法"，AI 会建议用"长镜头、时间压缩、分屏、主观视角、慢动作、声音设计、色彩与光影、蒙太奇、隐喻与象征、打破第四面墙"10 个技法描述、效果与示例场景。

3. 拆解爆款分镜，让你轻松复制流量密码

为什么别人的视频总能抓住观众眼球？DeepSeek 能帮你拆解爆款视频的分镜逻辑。比如输入"拆解美妆教程爆款视频分镜逻辑"，AI 会分析输出"开场吸引、产品展示、上妆步骤、技巧提示、最终效果展示、互动引导"的分镜目标、分镜设计和技巧。

4. 总结

当其他创作者还在为分镜设计抓耳挠腮时，聪明人早就用 DeepSeek 把 AI 训练成分镜生成器。这不是偷懒，而是赛博时代的创作革命——把重复劳动交给 AI，把真正的创意留给人类。

📖 试一试

用 DeepSeek 为你生成电影质感的短视频分镜。

📖 小贴士

AI 分镜设计小套装。

1. 情绪镜头公式

1）压抑场景 = 俯拍 + 冷色调 + 慢动作

2）爆发场景 = 特写 + 快速切换 + 高对比度

2. 爆款分镜拆解

1）输入爆款视频链接，AI 自动生成分镜逻辑。

2）根据情绪曲线，AI 推荐最佳镜头组合。

技巧 53　爆款素材重组工厂：三步 AI 混剪，专业成片不需要剪辑基础

你是不是还在经历拍片一时爽而剪辑火葬场的绝望？内存里塞满 300 条零碎的短视频素材片段，结果剪出的成片像一盘散沙。但总有一群赛博卷王，随手一拖素材就能剪出百万神作。他们的秘密是——把 AI 驯化成私人剪辑师。

1. DeepSeek 素材提纯术：帮你把废片炼成黄金

爆款素材的真相是——你以为的废片，只是放错赛道的潜力股。试着把 50 条平平无奇的日常视频脚本丢给 DeepSeek，DeepSeek 能够对这些现有素材的脚本进行深度剖析，结合其对当下爆款短视频的洞察，重新编排脚本逻辑与创意。例如，对于原本普通的办公室日常分享脚本，通过分析热门视频元素和观众喜好，融入当下流行的职场励志、趣味互动等元素，生成全新脚本《办公室励志互动：从日常到精彩蜕变》，创作者再根据新创意重新剪辑，让现有视频重获生机。

2. DeepSeek 内容拓展法：小素材成就大故事

不要以为丰富的内容只能靠大量素材堆积，DeepSeek 可以基于现有素材，拓展出更丰富的故事线和情节。比如，一个简单的宠物玩耍素材，DeepSeek 能根据宠物的品种、行为特点以及当下流行的宠物文化，为视频添加背景故事、角色设定等，将原本简短的素材拓展成一个全新的宠物故事视频《小萌宠的奇妙冒险》。即使是有限的素材，也能在 DeepSeek 的助力下讲述出引人入胜的故事。

3. DeepSeek 爆款流水线：一个人就是一支军团

直接让 AI 分析爆款视频的节奏模板，基于对脚本的解读，把目标视频自动拆解成 3 秒钩子 +15 秒高潮 +5 秒神转折的流水线配方，生成《AI 教你用冰箱贴演完甄嬛传》等脑洞企划，连媒体新人也能日更 3 条短视频。

4. 总结

数字时代的剪辑法则很残酷，不会用 AI 筛选素材的人，注定沦为"赛博垃圾分拣员"，而高手早就在用算法给自己镶金边。

📖 试一试

用 DeepSeek 基于你的素材库，为你生成素材再利用的创意清单。

📖 小贴士

AI 素材炼金二式。

1）短视频重组公式"现有素材脚本元素＋热门元素＝新爆款"，例如：美妆试用旧脚本＋网红挑战＝美妆网红挑战大揭秘。当缺乏创意时，输入"行业＋热点＋情绪"，让 DeepSeek 把旧脚本改写成新的爆款脚本，如输入"旅游＋环保＋惊叹的短视频标题"，改写旧的旅游视频脚本为《他用塑料瓶建了一座岛，如今成了网红打卡地！》。

2）内容拓展技巧为输入"素材特点＋流行文化元素"，让 AI 为素材拓展故事，如输入"美食＋童话"，获得美食童话主题的视频内容，为拓展后的视频添加适合的音乐和音效，增强故事的感染力，比如为美食童话视频配上欢快的童话风格音乐。

技巧 54 一键生成抖音爆款的外挂手册

凌晨 3 点，你蹲在厕所刷着抖音，眼睁睁看着国潮变装挑战的播放量从 50 万暴涨到 500 万。甲方的消息在屏幕上跳动"明天必须上这个热点！"而你刚写完的第 8 版文案，点赞数还没突破两位数。

1. 传统创作的"死循环"

当你要在 2 小时内产出 10 条爆款文案时，标准流程通常是：刷 3 小时抖音→记 2 页关键词→憋出 5 条文案→被甲方打回重做→怒删文档重新来过。更可怕的是，好不容易学会写"沉浸式××"，全网又开始流行"松弛感文学"了。

如何让 AI 成为你的 24 小时热点雷达？怎样像流水线一样稳定输出爆款文案？有没有可能让甲方在说"要年轻人喜欢的感觉"时，你确实知道该往哪个方向着手？

2. DeepSeek 文案"外挂"三部曲

（1）第一招：精准定位三板斧（300 字），别让 AI 猜谜语！

用这三把手术刀解剖用户：

1）热点解剖术：别写"分析国潮热点"，而是"拆解 # 国潮变装挑战的

TOP20 视频，提取 3 个最常出现的服装元素 +2 个爆款转场方式 +5 个高赞文案句式"。

2）用户 X 光机：别写"20 ～ 30 岁女性"，而是"每天刷 1 小时美妆视频、收藏过 3 个汉服店铺、买过国货彩妆的 Z 世代"。

3）情感挖掘铲：从"想要好看"挖到"怕被闺蜜比下去"，从"图便宜"挖到"不想当月光族"。

（2）第二招：文案骨架搭建术（200 字），给 AI 装个标准件生产线

关键词流水线："给国潮服饰写 20 个关键词，按'文化符号 > 视觉冲击 > 社交属性'排序"。

模板变形记：

☐ 基础款："这个 XX 让你 YYY"。

☐ 爆款变体："全网都在用的 XX，第 3 个方法绝了！"。

结构脚手架：把"卖点、痛点、爽点"改成"反常识开头 + 过程打脸 + 凡尔赛结局"。

（3）第三招：情绪引爆公式（200 字），让 AI 当你的气氛组组长

☐ 支持型文案必杀句："我知道你……（共情痛点），其实你值得……（给解决方案）"。

☐ 反击型文案火药库："谁说 XXX 就不能 YYY？今天就要打脸这些……"。

一句话文案钩子：把"智能电饭煲很方便"改成"不会烧厨房的厨神养成器"。

3. 摸鱼时间换算表

☐ 传统模式：3 小时找热点 +2 小时憋文案 +1 小时改稿 =6 小时秃头

☐ 外挂模式：15 分钟调教 AI+30 分钟批量生成 +15 分钟人工抛光 =1 小时奶茶自由

技术总结：文案高手的核心竞争力不再是熬夜追热点，而是成为"AI 驯兽师"——知道什么时候喂数据、什么时候加情绪、怎么把"要年轻感"翻译成具体的网络语言。记住：AI 是词语的搬运工，你才是那个给文字注入灵魂的军师。

📖 小贴士

当 AI 开始胡言乱语时：

1）紧急刹车："把第 2 条文案的夸张形容词减少 50%，加入具体使用场景"。

2）热点校准："对比最近 3 天同类爆款，调整文案中的网络用语版本"。

3）人性化补丁："在第 5 句插入'闺蜜看了都问链接'的真实感描述"。

技巧 55　如何用 DeepSeek 打造个性化且犀利的内容？

在当今内容创作领域，创作者们面临一个难题：当大家都在使用 AI 生成千篇一律的温和内容时，你的作品很容易淹没在信息洪流中。在社交媒体、影视评论、幽默段子等领域，用户渴望看到更多有个性、有态度的表达。那么，如何让 DeepSeek 生成既有态度又不失幽默的"犀利"内容呢？如何在保持独特性的同时避免冒犯他人呢？

解决方案：五步打造 DeepSeek 的"犀利"技能

1. 角色塑造法：为 DeepSeek 设定"人设"

操作要点：身份构建定位 > 风格梯度加载 > 语义场约束。

案例示范：

1）错误表达：写一段犀利的影评。

2）正确表达：请模仿《奇葩说》辩手 ×× 的风格，用幽默且犀利的语言点评《时间管理大师》这本书，保持七分幽默、三分犀利，避免人身攻击。

技术要点：像为演员设定角色一样，详细描述语言风格和表达边界，让 DeepSeek 自动加载对应的"语言风格"。

2. 场景规划法：划定安全边界

1）风险区：侵权高压区 / 现实主义关联议题 / 政治敏感话题 / 群体画像类内容。

2）安全区：虚构作品解构 / 虚幻现实主义演绎 / 黑色幽默创作。

实用模板：

请以脱口秀演员的风格，虚构一个"健身小白"的自嘲段子，包含"健身房打卡第一天就放弃""仰卧起坐做到一半睡着"等细节。

模仿古代文人的骈文风格，幽默吐槽当代年轻人的"拖延症"。

3. 精准训练法：用经典风格调教

进阶技巧：提供"犀利而不伤人"的经典案例作为参考。

☐ 鲁迅风格：这本书的文字，大约是多余的。

☐ 金庸风格：这策划案的创意，倒像是丐帮的降龙十八掌，招招落空。

☐ 周星驰风格：最烦恼的就是每次提案都被采纳，让我没机会展示我的 Plan B。

训练口诀：提供 3 个参考样本 + 2 个禁忌事项 = 定制化犀利风格。

4. 内容软化法：给尖锐观点穿上"糖衣"

安全改装三件套：

1）数字夸张术：这本书的错别字多到可以写一本字典。

2）艺术反讽术：这个设计丑得能让梵高的向日葵都低下头。

3）科技自黑体：我们产品的功能多得像手机里的 App，用了一次就忘。

5. 风格平衡术：保持幽默与犀利的平衡

混搭公式：

1）自媒体标题：70% 犀利 + 30% 悬念

2）脱口秀稿：50% 幽默 + 30% 洞察 + 20% 夸张

3）广告文案：10% 自嘲 + 90% 产品亮点

急救方案：在敏感输出后自动补充"求生欲语"，如"以上吐槽纯属虚构，如有雷同，你可能需要反思"。

6. 总结

使用 DeepSeek 生成"犀利"内容的关键在于精准的角色定位、场景适配和表达边界控制。通过详细描述角色风格、设定语言边界，并结合经典案例进行训练，可以生成有趣且安全的内容。记住，保持内容的虚构性和幽默感，避免触及敏感话题。

📖 试一试

尝试以下指令："请模仿《吐槽大会》的风格，用幽默且犀利的语言点评一款流行的健身 App，保持七分幽默、三分犀利，避免人身攻击。"

📖 小贴士

1）角色塑造：详细描述角色特征和语言风格，如"模仿古代文人的骈文风格"，帮助 DeepSeek 更好地生成预期内容。

2）场景规划：选择虚构作品的点评或夸张情景模拟等安全区域创作，避免涉及真实人物或敏感议题，确保内容安全。

3）内容软化：使用夸张数字、奇幻类比或自我解构，软化尖锐观点，例如"这本书的错别字多到可以写一本字典"，既幽默又不冒犯。

技巧 56　如何用 DeepSeek 打造爆款公众号？

在信息爆炸的时代，运营公众号常面临两大困境：一是内容同质化严重，精心打磨的文章淹没在海量推送中；二是创作效率低下，从选题到成稿动辄耗费数小时。更扎心的是，很多初创作者在坚持三个月后便因数据惨淡选择放弃。如何突破这种"自嗨式写作"的怪圈？ DeepSeek 的应用，正在重构内容生产的底层逻辑。如何做到的呢？下面帮你打造爆款公众号文案。

1. 破解选题迷局——让 AI 当你的流量雷达

新手常犯的错误是"自我视角选题"，例如分享校园生活趣事或专业知识干货，这类内容往往因缺乏情绪钩子而石沉大海。DeepSeek 的"热点嫁接术"能精准捕捉流量密码，可以输入指令："分析近 7 天微信指数 TOP50 的热点事件，筛选与大学生群体相关的 3 个话题，并生成 10 个结合'情绪冲突＋数据反差'的选题。"此时需要开启联网搜索和深度思考模式。

DeepSeek 会根据以上要求输出结果，比如："大学生心理健康问题频发，极端行为背后的数据真相与心理困境；大学生就业现状与应对策略：教育体制与市场需求的矛盾；ChatGPT 让教授失业？我用 DeepSeek 三天写完毕业论文的真实体验。"

2. 搭建黄金结构——把爆款公式装进框架

优质内容需要遵循一定的架构，这个架构可以让 DeepSeek 为你设计，比如："以'大学生经济独立'为主题，按照公众号的写作方式，为我生成文章框架"；也可以自己提供一个框架供 DeepSeek 参考，比如："请以'大学生经济独立'为主题，按照'痛点场景 + 数据冲击 + 解决方案'的结构生成公众号文章框架，要求首段包含'熬夜赶稿''零花钱焦虑'等具象化场景。"

DeepSeek 输出的结果如下：

首段：困在生存线的大学生活图鉴

深夜的寝室台灯下，赶稿的键盘声与外卖订单提醒交替响起，文科生小琳正在打工赚取下月生活费……

痛点场景一：时间战场上的双线溃败

典型困境

凌晨 3 点完成外卖配送后瘫倒在床，晨课时难以集中精力；自媒体账号运营挤占实验报告撰写时间，期末面临挂科风险。

数据冲击

高校调研显示：在从事体力兼职的学生中，58% 出现学业成绩下滑，32% 因疲劳导致健康问题；而技能型副业实践者仅 15% 存在时间冲突，且平均绩点高出对照组 0.8。

解决方案

精准时间切割术：采用"四象限 + 番茄钟"复合工作法，划定每日 2 小时"创收专属时段"，利用 Forest 等工具强制隔离娱乐干扰。

价值优先级评估模型：建立"单位时间收益 / 技能增值系数"二维评估表，淘汰时薪低于 30 元的重复劳动，优先承接教学设计、数据分析等长尾价值项目。

痛点场景二：低效创收模式的认知陷阱

……

结语：独立不是独木桥，而是价值复利曲线

……

3. 标题手术刀——用标题党刺痛眼球

公众号文章的点击率高低，往往取决于是否有一个劲爆的标题，这个标题可以让 DeepSeek 为你设计，比如："根据以上内容，按照公众号的写作方式，为我生成文章标题"；也可以自己提供一个模板供 DeepSeek 参考，比如："优化标题《大学生经济独立》，生成 5 个符合'惊叹号 + 问句'格式的公众号标题。"

DeepSeek 为你生成的标题可能是："大学生经济独立，这真的可能吗？！"

这套方法论的核心在于：将 DeepSeek 定位为"超级外脑"，而非文字搬运工。创作者需掌握" DeepSeek 指令设计 + 人工价值注入"的双重技能，在机器效率与人性温度之间找到平衡点。当大多数竞争者还在手动码字时，掌握这套工作流的人已实现"日更三篇"的恐怖产能——这在注意力争夺战中，无疑是降维打击。

🔲 试一试

你打算运营一个针对职场新人的公众号，主题是职场技能提升。现在请你运用 DeepSeek 按照文中提到的几个步骤，为一篇关于"职场新人如何快速掌握 Excel 技能"的文章设计选题、搭建结构、优化标题，简要列出你为每个步骤准备使用的指令或方法。

🔲 小贴士

在使用 DeepSeek 进行公众号文案创作时，要时刻关注生成内容是否符合你的公众号定位和目标受众的喜好。对于 AI 提供的热点话题和选题方向，要结合自身实际情况进行筛选和调整，避免盲目跟风导致内容与公众号风格不符。

技巧 57　AI 时代设计师的求生指南：批量出图的外挂级操作

在这个甲方要"五彩斑斓的黑"、老板催"明天就要"的时代，设计师和内容创作者人均手握 8 个项目，每天在 PS、AI 里改稿到天明。

当你需要批量生产 50 张科幻海报时，传统的操作是：熬夜找灵感→憋出 5 个词→生成 3 张图→发现方向跑偏→继续熬夜改稿，陷入"改图、重做、改图"的死循环。

有没有办法让 AI 真正成为生产力外挂，而不是"人工智障"？如何像流水线一样稳定产出创意素材，还能腾出时间摸鱼喝奶茶？

"DeepSeek+ 即梦"组合拳，让设计师实现"日抛型"创意自由。

1. 外挂级操作手册

（1）第一步：把 DeepSeek 变成"创意总监"

打开对话框直接输入："我要做童话森林插图，需要 5 个魔法场景的提示词，包含奇异生物和光影效果。"，它就像训练有素的策划，3 秒就能输出：

以下是 5 个充满魔法氛围的童话森林场景提示词，每个都包含奇异生物与独特光影效果：

1）荧光蘑菇林

生物：会发光的精灵蘑菇（伞盖有星形纹路）+ 半透明的星尘水母漂浮空中

光影：幽蓝星尘瀑布从树冠倾泻 + 蘑菇群在地面投射出彩虹光晕 + 萤火虫形成流动的光带

2）月光独角兽湖

生物：水晶犄角的银白独角兽 + 翅膀会变色的人面蜻蜓

光影：满月在湖面投射银色光路 + 独角兽踏水处绽开冰晶状涟漪 + 薄雾中漂浮着淡紫色光粒子

3）水晶树冠宫殿

生物：透明翅膀的宝石精灵 + 会移动的发光藤蔓守卫

光影：晨光穿过千万水晶棱镜形成彩虹矩阵＋宫殿穹顶悬浮着旋转的光球＋地面光影组成流动的古代符文

4）暗夜祭坛

生物：瞳孔发金的黑豹祭司＋由烟雾组成的预言猫头鹰

光影：紫色火焰在祭坛石柱上悬浮燃烧＋星轨图案在地面缓慢旋转＋月光被扭曲成螺旋状光柱

5）时间琥珀花园

生物：体内流淌沙漏的机械蝴蝶＋会变换年龄的透明花灵

光影：悬浮的巨型琥珀散发琥珀色光晕＋时间流速不同区域呈现蓝金双色光影＋花瓣飘落时拖曳流光轨迹

敲黑板重点：要给 AI 明确的"命题作文"要求。就像不能对编剧说"写个好故事"，而应该说"写个小熊在蒲公英田寻找记忆碎片的奇幻旅程"，加上"包含 3 个互动元素""突出温暖治愈感"等具体指引，能让提示词质量直线上升。

（2）第二步：把即梦变成"AI 印刷厂"

拿到提示词清单后，打开即梦的批量生产模式：

1）粘贴 5 条提示词到输入框。

2）输入风格：主风格选"水彩手绘"，备选"蜡笔质感"（防止同质化）。

3）调整尺寸规格：跨页插图用 3：4，电子绘本用 16：9。

这个步骤就像设置智能烤箱一样——准备好原料（提示词），设定温度时间（参数），然后等着"叮"的一声收获成品。实测生成 30 张图仅需 15 分钟，效率堪比数码印刷。生成效果如图 5-1 所示。

（3）第三步：进阶操作之"甲方快乐术"

当第一批成图出来后，总会遇到需要微调的情况。这时候，请记住以下两个魔法：

❑ 细节雕刻术：给提示词加上"逆光绒毛""仰视视角"等画面语言，就像给 AI 装上放大镜一样。

❑ 元素混搭术：尝试"童话风＋蒸汽朋克""剪纸艺术＋3D 渲染"的跨界组合，往往能碰撞出惊喜。

图 5-1　即梦图片生成效果

比如，把"魔法森林"提示词改成："晨雾中的树屋学校，机械猫头鹰老师用枫叶投影授课，8K 细节刻画"，瞬间让常规场景变成迪士尼概念图既视感。

（4）第四步：建立"创意弹药库"

把经过验证的优质提示词分类存档：

❑ 场景类：海底王国、云中城堡、地心花园。

❑ 风格类：胶片质感、拼贴艺术、浮世绘。

❑ 氛围类：朦胧晨光、神秘暮色、梦幻星辉。

下次遇到类似需求时，直接调用模板稍作修改，5 分钟就能组出新套餐。这就像乐高的标准化零件库一样——虽然每次拼装都是新造型，但基础模块早已准备就绪。

2. 总结：AI 时代的创意流水线

真正的插画高手，早就不和 AI 比谁画得更精美，而是比拼如何用 AI 实现

"精准投射"。通过"需求翻译→风格适配→批量输出"的组合拳，创作者可以把精力集中在世界观构建上，把重复劳动交给 AI 完成。记住：会用 AI 不可怕，会"驾驭 AI"的才是最终赢家。

🗂 试一试

对 DeepSeek 说："需要 8 个关于厨房小精灵的提示词，要包含食材拟人化和趣味互动"。

🗂 小贴士

☐ 遇到甲方要求"再可爱点"时，在提示词中加入"毛茸茸质感""腮红高光""Q 版比例"等萌系要素。

☐ 需要增加画面质感时，试试添加"逆光丁达尔效应""景深虚化""亚麻布纹理"等摄影术语。

☐ 快速统一色调的秘诀：在所有提示词的末尾固定"暖棕滤镜""薄荷绿主色调"等色彩指令。

第 6 章 | CHAPTER

**使用 DeepSeek 做营销与
洞察客户的技巧**

技巧 58   如何用 DeepSeek 玩转消费者精准营销?

在电商平台疯狂打折、直播间营销不断的今天，消费者早已受到各种促销信息的疯狂轰炸。企业手握海量用户数据，却常常陷入"精准营销不精准"的怪圈——推送的广告像乱箭齐发，用户要么视而不见，要么直接点击"不感兴趣"。

1. 数据沼泽里的"无效勤奋"

一家连锁咖啡店拥有百万会员数据，却给所有人推送同一款"买一送一"的冰美式。健身爱好者收到消息时正在举铁健身，乳糖不耐受的顾客看到拿铁广告直摇头。这种"广撒网"的营销，就像在超市里用喇叭循环播放"全场五折"，结果吸引来的大多是凑热闹的路人，真正的目标客户反而被噪声淹没。

例如，在 DeepSeek 中输入："我们有 CRM 系统、小程序点单数据和门店摄像头客流统计，怎么整合分析?"

DeepSeek 给出的回答如下：

请授权接入以下数据源：1）CRM 会员基础信息；2）小程序订单历史（含时间 / 地点 / 商品）；3）门店摄像头的到店频次记录。系统将为您标注出用户中未开发的手冲咖啡潜在客群。

2. 如何从数据汪洋中捞出真金白银

答案藏在三个关键动作里：当好数据侦探、学会动态分群、玩转个性推荐。

（1）第一步：当好数据侦探

DeepSeek 的绝活是，把散落在各处的用户行为碎片拼成完整画像。它不仅能识别某人在周三晚上常点外卖，还能结合天气数据发现"下雨天他会多选一份炸鸡"，甚至通过社交媒体推断"最近他在关注减脂食谱"。

这就好比侦探破案：单独看外卖订单只是碎片，但结合地址、时间、浏览记录，就能还原出"资深程序员""健身新手""宠物家长"等立体标签。企业要做的，就是把内部系统、App 点击、客服对话等数据统统"喂"给

DeepSeek，让它自动生成带温度的用户档案。

在 DeepSeek 中输入"创建健身咖啡族画像，具体为筛选近 30 天购买过美式咖啡，且运动类 App 每周使用时长超过 5 小时的用户"，上传咖啡购买记录数据和运动类 App 用户行为数据作为附件。

DeepSeek 输出：

已识别 4286 名目标用户，特征聚类显示为 73% 偏好上午 10 点前下单，58% 会搭配购买蛋白棒，推荐推送策略为早餐时段"美式 + 植物蛋白套餐立减 10 元"。

（2）第二步：学会动态分群

传统用户分群就像早高峰的固定公交线路一样——明明某条路已经堵死，车辆还是按原计划行进。而 DeepSeek 的智能分群，更像是手机导航：随时根据实时路况（用户行为）调整路线。怀孕期搜索"防妊娠纹霜"的用户，产后 3 个月有 80% 会开始浏览"产后修复课程"，这时，系统会自动把她们移出"孕妈关怀群"，转入"新手妈妈 VIP 群"，推送的优惠券也从孕妇装变成吸奶器。这种动态调整让营销动作永远踩在用户需求的变化点上。

用户输入："一个孕妈妈最近 7 天搜索'盆底肌修复'3 次 + 收藏哺乳内衣商品。"

DeepSeek 响应：

自动将其从"孕妈关怀群"移出，加入"新手妈妈 VIP 群"并触发两个动作：

①暂停所有孕妇装广告投放。

②开启"吸奶器 + 储奶袋组合装"的梯度优惠（首单 9 折，分享再加赠防溢乳垫）。

（3）第三步：玩转个性推荐

有了精准画像和分群，最后一步是"上菜艺术"。DeepSeek 会根据用户偏好，把促销信息包装成"专属礼包"：

给价格敏感型的学生党用户发"限时秒杀"：校园特惠！第二杯半价券已

到账，考试周加油！

给品质控的企业高管推荐"限量联名款"：臻选蓝山咖啡豆预售，附赠星巴克前首席烘焙师冲煮课程。

给爱分享的社交达人设计"分享得券"活动：分享你的咖啡时刻到社交平台，并 @ 三位好友，即可获得一张免费咖啡券！

3. 效果追踪：给营销装上智能仪表盘

DeepSeek 会实时显示"点击热力图"：哪些文案被反复阅读？哪个时间段的转化率最高？哪些用户群需要追加优惠？就像给汽车装上了智能仪表盘一样，随时提醒你是该踩油门冲刺还是需要进站加油。

用户输入：最近系统的"附近拼单"按钮点击量低于预期 23%；周五下午 3 点转化率是其他时段 2.1 倍；25 ～ 30 岁男性用户领券未使用率高达 67%。

DeepSeek 建议：

将拼单功能入口从第 3 屏提升至首页；针对未转化人群在周四傍晚推送提醒；对男性用户追加"咖啡 + 汉堡"组合优惠。

4. 总结：让营销从"猜你喜欢"变成"懂你所需"

通过 DeepSeek 的三步组合拳，企业可以把冷冰冰的用户 ID 变成活生生的消费故事，让每次推送都像老朋友递来一杯温度刚好的咖啡一样。

📖 试一试

用 DeepSeek 分析你最近 3 个月的用户购买数据，输入"找出购买过瑜伽垫但未买运动手环的客户，设计专属促销话术"。

📖 小贴士

1）初期先选 1 ～ 2 个用户群做试点，比如"30 天内加购未付款"群体。

2）促销文案避免使用"清仓""甩卖"等廉价感词汇，试试"专属保留款""老友福利"。

3）周三上午 10 点和周五晚上 8 点，通常推送打开率最高，让 DeepSeek 化身客服界的"钢铁侠"。

技巧 59　DeepSeek 解锁广告投放的精准之道

广告行业的人最怕遇到两种尴尬情况：一种是广告费花得像过年放烟花一样，热闹半天啥也没剩下；另一种是明明瞄准了年轻群体，结果评论区多是老年群体。

1. 数据洪流中的"迷路"现场

现代广告投放平台的数据看似应有尽有，但问题在于，这些数据乱作一团。比如系统显示某用户刚搜索过"游戏鼠标"，可能只是帮读初中的儿子买生日礼物；有人天天看美妆视频，可能是男友在研究送女友的礼物。更别提那些在不同平台反复横跳的用户，他们的行为数据就像被撕碎的拼图，拼不出完整画像。

2. 教会 DeepSeek 三样本领

这时候就该让 DeepSeek 上场了，不过，别指望它一下就猜中用户的心思，真正的秘诀在于教会 AI 三样本领。

1）当一个称职的"情报员"：把用户在电商平台上的购物车、社交媒体的点赞、视频网站的观看时长等看似无关的数据串联起来进行输入。就像侦探破案，单独看每个线索都很普通，但连起来 DeepSeek 就能发现：这个人可能是白天西装革履的上班族，晚上变身二次元宅男的多面体。

2）学会"察言观色"：给游戏玩家推广告时，重点突出"0.01 秒响应速度"；遇到宝妈群体，就强调"带娃熬夜打游戏也不吵醒孩子"的静音设计。这就像去川菜馆不用强调辣度，但给广东人推荐时要贴心标注"微辣选项"。

3）装上实时"导航系统"：广告投放后要像老司机开车一样，随时根据路况调整方向。发现某地区点击量暴涨，立即追加投放；看到某时间段转化率跳水，马上排查原因。

3. 秀出逆袭"组合拳"

明明想定位 18 ~ 25 岁女性，为什么订单却意外被 30 岁左右的男性霸占？

DeepSeek 的回答如下：

用户行为误读：你以为的"她需求"≠真实购买动机，30+ 男性大量购买，实为男性买来送女友 / 妻子。

验证方法：分析订单备注（如"生日礼物"）、收货人性别信息，对比购买者与使用者画像差异。

品牌方验证分析结果后，意识到这或许是逆袭的机会，于是迅速打出"组合拳"：在广告中增加"扫码查××"功能；设计精美包装盒，提升产品惊喜感。

4. 别让机器唱独角戏

最容易被忽视的环节是"人机配合"。就像再智能的导航也需要司机把控方向盘一样，广告投放要设置人工检查点：每周抽检 10% 的推送案例，看看 AI 有没有闹出"给素食主义者推烤肉酱"的笑话。有个小技巧很管用——把目标用户画像贴在墙上，每次决策前抬头看看，确保 AI 没跑偏成"自嗨型选手"。

5. 总结：精准投放的"三重境界"

第一重是"广撒网"，第二重是"会看人"，第三重是"懂变通"。用 DeepSeek 做好广告投放，本质上是在完成 3 个动作：把碎片拼成地图，按图索骥找到人，还要随时准备好换双合脚的鞋子赶路。

📑 试一试

用"18 ～ 35 岁女性 + 最近搜索过防晒霜 + 收藏过海岛旅游攻略"的组合条件，在 DeepSeek 中创建个用户画像试试看。

📑 小贴士

遇到数据矛盾（比如用户既看育婴视频又买电竞设备）时，别急着删数据，试着用"新手爸爸需要夜间娱乐"的故事来解释，往往会有意外收获。下次设置投放策略时，记得实施 A/B 测试，就像同时放两根鱼竿钓鱼，哪根有动静就重点关注哪根。

技巧 60　当评论像洪水般涌来：如何用 DeepSeek 读懂消费者的真心话？

在电商直播和种草笔记满天飞的今天，消费者留下的评论就像一场永不落幕的烟花秀一样——每天新增百万条评价，好评差评交织，长文短文混杂。品牌方捧着这个数据宝藏，却常常像面对一锅乱炖一样：知道里面有肉有菜，但具体哪块好吃、哪片菜叶发苦，根本无从得知。

1. 数据泥石流里的淘金难题

一家零食生产商组织 20 人的团队手工分析评论，结果发现 90% 的精力都耗在了处理"快递小哥很帅但薯片碎成渣"这类矛盾评价上。更头疼的是遇到"这个口感我直接暴风哭泣"——到底是好吃到哭还是难吃到哭？人类的阅读理解能力在这种新型网络文学面前集体宕机了。而当团队终于整理出"包装改进"的需求时，竞争对手早已推出了防压抗震的新礼盒。

2. 让 AI 当你的评论解码大师

这时候就该请出 DeepSeek 这位"数据米其林主厨"了。它处理评论就像处理食材：先用筛子滤掉无效数据（比如纯表情包评论"🐷🐷🐷🐷🐷🐷"会被直接过滤掉），再用清水冲洗掉广告和水军刷评（比如"天天吃这个薯片，感觉自己的人生都圆满了！打卡第 100 天"会被标记为水军刷评），最后自动将评论翻译成明确的情感倾向（比如"我吃了之后，心情就像坐过山车，又爱又恨"被解码为"负面情感：口感不稳定，有时很好，有时很差"）。这个过程就像给杂乱的后厨来了一次彻底的大扫除，保留下来的都是能做成招牌菜的优质食材。

3. 三步解锁消费者的集体潜意识

1）第一步的"情绪温度计"功能尤其精妙，它能从"客服态度比北极还冷"中识别出"消费者对品牌客服服务态度的极度不满"，从"好吃到原地转圈圈"里捕捉到产品亮点，甚至能分辨出"这个价格真香"到底是真表扬还是阴阳怪气。

2）第二步的"话题捕手"功能会把散落的评论自动归类，比如"把关于'充电慢'的吐槽自动贴上'＃续驶焦虑'标签"。

3）第三步的"预言水晶球"功能更神奇，它可以发现"希望出抹茶口味"的呼声三个月内增长 800%，这样品牌方就能提前布局新品。

4. 藏在差评里的金矿

一家美妆品牌发现大量"持妆效果堪比 502 胶水"的评论，原以为是产品黏腻的差评，DeepSeek 给出解析："持妆效果堪比 502 胶水"是一种夸张的比喻，通常用于形容某款美妆产品（如粉底液、气垫等）的持妆能力极强，能够长时间保持妆容完整、不脱妆、不斑驳，就像 502 胶水黏合物体一样牢固。品牌方顺势推出"502 系列"彩妆，反而把用户自创的"黑话"变成了成功的营销话术。这印证了一条互联网真理：消费者的真实反馈，往往藏在那些看似吐槽的脑洞比喻里。

5. 总结：让数据焦虑变成决策底气

在这个每条评论都可能影响营销的时代，读懂消费者至关重要。通过智能清洗、情感破译、趋势预判"三重组合拳"，DeepSeek 把杂乱无章的用户反馈变成了结构化的决策地图。品牌方终于不用在数据海洋里溺水，而可以踩着冲浪板精准捕捉每一个市场浪头。

📄 试一试

在 DeepSeek 中输入："分析最近三个月防晒霜产品的消费者差评，找出被提及最多但尚未被解决的需求，用表情符号表示情绪强度"。

📄 小贴士

1）遇到矛盾评价时，试试追问"请用消费者原话举例说明"。

2）想看竞品对比时，加上"用表格形式对比三个品牌的差评关键词"。

技巧 61　如何让 DeepSeek 化身客服界的"钢铁侠"？

现代企业最怕的场景之一大概就是客服系统突然崩溃：用户排着队等回

复，机器人却只会重复"请稍等"，人工客服忙得脚不沾地，用户怒气值肉眼可见地飙升。据统计，80% 的用户会因为等待超 5 分钟直接放弃咨询。对企业来说，这简直是眼睁睁地看着钞票从指缝里溜走。

1. 智能客服的缺陷

传统的智能客服常被吐槽：用户问"订的咖啡洒了怎么办"，它可能只会回复"咖啡很美味，请给五星好评"；遇到需要多轮沟通的复杂问题，对话就会陷入"您的问题已记录—请稍等—正在转接人工"的死循环。更可怕的是深夜突发提问时，用户只能对着冷冰冰的自动回复干瞪眼。

2. DeepSeek 的破局"三板斧"

要让智能客服真正聪明起来，关键在于教会它三招：听懂弦外之音、意图识别、24 小时暖心值班。

（1）第一招：听懂弦外之音

当用户说"上次买的电饭煲盖子裂了"时，DeepSeek 会像侦探一样自动关联订单记录、产品型号、保修政策，直接给出"我们将为您补发新盖 + 赠送 50 元优惠购买券"的解决方案。这背后是多轮对话理解技术在起作用，就像给 AI 装了一个不会漏水的记忆水桶一样，能牢牢记住对话中的所有关键信息。

（2）第二招：意图识别

用户说"这空调安装费太贵了"，表面是质疑价格，实际可能想争取折扣或免费安装。DeepSeek 通过意图识别模型，能像心理医生一样捕捉到隐藏需求，主动回应："我们提供老客户专属 8 折安装服务，需要帮您预约吗？"这种能力相当于给客服装了一个情绪雷达，连"我再考虑考虑"背后的真实顾虑都能探测到。

（3）第三招：24 小时暖心值班

深夜 12 点用户问"快递显示签收但没收到"，DeepSeek 会立即给出建议：第一步，建议用户检查物流信息，确认签收的具体时间和方式。第二步，检查周围可能的存放点，比如快递柜、门卫室、邻居等。第三步，询问快递公司，核实具体情况，因为有时候快递员可能会提前签收再派送。第四步，如果仍无法解决，联系卖家协助处理。第五步，如果确认快递丢失，可能需要申请退款或补发。第六步，如果问题仍未解决，联系快递管理部门投诉。这得益于全时段自动化处理系统，就像给企业配了一个不吃不睡的超人客服，随时准备处理各种突发状况。

3. 总结：智能客服的进化

未来的客服系统不该是冷冰冰的问答机器，而应该是经验丰富的"金牌客服＋百科全书＋应急小能手"的结合体。通过深度语义理解、场景化记忆、预判式服务这三个核心技能，DeepSeek 让智能客服真正拥有了"察言观色"的能力。当 AI 开始懂得"话里有话"，企业收获的不仅是效率提升，更是用户发自内心的"你家客服真靠谱"的认可。

📖 试一试

在 DeepSeek 中输入："用户说'你们推荐的手机套餐根本用不完流量'，请设计三段不同风格的回复（专业型、幽默型、安抚型）"。

📖 小贴士

1）训练客服 AI 时，记得用真实对话记录"喂养"它，就像教小朋友说话要用日常对话而不是教科书一样。

2）遇到复杂业务问题时，在提问中加入具体场景：如果用户已经三次投诉物流延迟，该怎么回应？

技巧 62 "黑话"洗白机：把甲方语言翻译成精准指令

你是不是经历过这样的噩梦场景——甲方在电话那头滔滔不绝，嘴里接连蹦出"赋能""抓手""闭环"等字眼，而你只能一边点头如捣蒜，一边在心里默默祈祷："求求了，说点具体需求吧！"

别担心，DeepSeek 的"黑话"翻译功能就是来拯救你的！它能帮你把甲方的抽象"黑话"翻译成精准指令,让你从此告别"猜猜看"的沟通地狱。

1."黑话"解码器:把"赋能"变成"流量密码"

甲方说:"我们要给用户赋能,打造一个沉浸式体验场景。"

别慌! DeepSeek 的"黑话"解码器会帮你翻译成:"我们要帮助用户更好地使用我们的产品,创造一个让他们身临其境、深度参与的环境。"

2.痛点翻译机:把"抓手"变成"用户需求"

甲方说:"我们要找到一个抓手,打通用户痛点。"

DeepSeek 的"痛点翻译机"会帮你翻译成:"我们需要找到一个关键点,解决用户最关心的问题。"

3.脑洞转换器:把"闭环"变成"爆款公式"

甲方说:"我们要打造一个闭环,实现内容生态的自循环。"

DeepSeek 的"脑洞转换器"会帮你翻译成:"我们要建立一个完整的系统,让内容能够自我更新和持续发展。"

4.情绪翻译器:把"调性"变成"情感曲线"

甲方说:"我们要保持品牌的调性,传递高端、优雅的感觉。"

DeepSeek 的"情绪翻译器"会帮你翻译成:"我们要确保品牌形象一致,给人高端、优雅的印象。"

5.需求提炼器:把"颗粒度"变成"具体指令"

甲方说:"我们要把颗粒度做细,确保每个细节都到位。"

DeepSeek 的"需求提炼器"会帮你翻译成:"我们要把工作做细致,确保每个小细节都不出错。"

6.总结

DeepSeek 的"黑话"洗白机就是你的职场翻译官,帮你把甲方的抽象"黑话"翻译成精准指令。从此,你再也不用担心被甲方的"赋能""抓手""闭环"绕晕。

📖 试一试

用 DeepSeek 为你转化工作中遇到的"黑话"。

📖 小贴士

提示词炼金三式：

1）"黑话"解码公式。

2）痛点翻译公式。

3）脑洞转换公式。

7

DeepSeek 在七大行业中的使用技巧

技巧 63 翻译界的"变形金刚"：DeepSeek 跨国聊天指南

1. 实时翻译

职场人最怕遇到的情景是：正在激情地讲方案，突然发现听众里有国际友人。此时，大脑开始超频运转——嘴巴说着中文，耳朵听着英文，手上写着日文会议记录，最后胡乱输出。

DeepSeek 的实时翻译就像给嘴巴装上了智能开关。输入"把这句话翻译成西语：我们的产品能让您年轻十岁"，0.3 秒后就能得到"Nuestro producto le hará retroceder diez años en el tiempo"。重点是它会自动把"年轻十岁"转换成西语中"时光倒流十年"的诗意表达，而不是直译成"变成十岁小孩"。

操作心法：

1）遇到专业术语时，先给 AI 输入行业提示："请用生物医药领域的专业表述翻译这段话。"

2）对于重要文件，开启"双保险模式"：先机翻再让人工快速核对，效率提升 300%。

2. 多语种自由切换

市场部 Lisa 的日常噩梦是：要给 20 国代理商发产品说明，光是区分"西班牙西班牙语"和"拉美西班牙语"就能让人心力交瘁，更别说日语里微妙的主语省略，韩语中复杂的敬语体系——这些让其他翻译软件当场宕机的难题，恰是 DeepSeek 的亮点。

比如把中文"期待与贵司深化合作"翻译成日语时，DeepSeek 会根据收件人身份自动切换表达：给社长用"御社との更なるご協力を心待ちにしております"，给员工则变成"一緒に面白いことやりましょうね"。这种精准度，简直太内行了。

通关秘籍：

1）遇到小语种，先锁定语言变种："请用巴西葡萄牙语翻译。"

2）处理合同等正式文件时，加上"法律文书模式"指令。

3）翻译菜谱时开启"吃货滤镜"，保证"入口即化"不会变成"吃进嘴就融化"。

3. 润色

经历过机翻摧残的人都懂，直译出来的文字内容是对的，但实在没法看。DeepSeek 的润色功能就是专门针对语言做"美容"的。

比如把直译的"We suggest you quickly decide"输入给 AI 润色，它会返回"Warmly recommend securing this opportunity at your earliest convenience"。这种华丽变身，让邮件格调瞬间升华。

参考指南：

1）给技术文档润色时开启"学术严谨模式"，自动补充文献引用格式。

2）处理营销文案时用"病毒传播模式"，把"好吃"升级成"好吃到爆炸"。

3）对于重要邮件，开启"情商检测模式"，自动删除"你好像没听懂"等表达。

📖 试一试

把这段话输入给 DeepSeek："我们的智能马桶会唱歌会按摩，买它！记得备注暗号'我爱吃辣'送泡脚桶。"加上指令："翻译成英语并润色成高端家电文案。"你会收获堪比苹果发布会的高级描述："The throne of future living art, now with exclusive spa package for chili enthusiasts."

📖 小贴士

1）翻译菜名时慎用直译，"夫妻肺片"请写成"Beef and Offal in Chili Oil"。

2）处理日语文件时记得勾选"读空气模式"，DeepSeek 会自动加上"可能、也许、大概"等缓冲词。

3）遇到翻译纠纷不要慌，开启"操作留痕"功能，可随时调取翻译过程。

技巧 64　金融领域的效率革命：从熬夜加班到躺赢

金融圈流行着一句黑色幽默："我们不是在工作，只是在假装人类。"投资经理熬夜看 K 线图，分析师被 Excel 表格淹没，风控员盯着新闻眼冒金星——这行业最值钱的是时间，最缺的也是时间。每天面对股价波动、财报洪流、交易数据雪崩，再聪明的大脑也扛不住 24 小时连轴转。

1. 人脑与数据"怪兽"

当你花 3 小时整理完财报时，隔壁组已使用 AI 生成了 10 份分析报告；当你刚找到市场异常波动的原因时，别人的智能助手早把对冲策略发到了客户邮箱。更扎心的是，老板总在问："这个月效率怎么又垫底了？"金融人逐渐发现：手动模式根本比不过 AI 的全自动流水线。

2. 核心痛点

1）数据沼泽：80% 时间花在找数据、洗数据、核对数据上。

2）分析黑洞：建模太复杂。

3）协作灾难：改报告要拉 10 个群。

3. 解决方案

（1）技能一：三秒生成市场快照

核心操作：把"帮我查下 ×××"升级为精准指令。

案例示范：

输入："生成 ×× 公司 72 小时动态快报，需包含：

❑ 股价异动时间轴。

❑ 重大新闻情绪分析（红色标记负面）。

❑ 前十大机构评级变化对比表。

效果：三秒获得带可视化图表的时间胶囊报告。

（2）技能二：数据炼金术

必杀技组合：

1）自动填坑："清洗这组交易数据，用趋势插值法补缺失值。"

2）异常捕捉："标记近三月收益率超 3 σ 的异常交易，按时间聚类。"

3）智能转换："把这份 PDF 财报转为结构化表格，利润表按季度对比。"

（3）技能三：风险预言家模式

高阶玩法：

1）信用扫描："基于 2023 年报预测某地产公司违约概率，输出 Logit 模型关键参数。"

2）组合诊断："拆解我的 10 只股票组合，用蒙特卡罗方法模拟压力测试。"

3）新闻雷达："监控新能源行业政策关键词，生成风险预警时间轴。"

4）专家技巧：追加指令"用厨房经济学比喻分析结果"，让复杂模型秒变人话。

（4）技能四：协作闪电战

团队外挂四件套：

1）智能分析："按投研 / 风控 / 交易部门拆分报告草案，自动 @ 责任人。"

2）版本对比："对比 V7 和 V9 版估值模型，标红参数差异并溯源。"

3）数据转换："把这份招股书中美版差异做成对照表，财务数据单位统一为美元。"

4）生成追踪日志：永远记得输入"生成本次协作的审计追踪日志。"

4. 总结

金融人早就不是算盘上的珠子，而是 AI 交响乐的指挥家。当别人还在手工处理数据时，你已经用提示词建好了智能流水线。记住：未来十年，会用 AI 的金融人和不会用的，过的肯定是两种人生。

📖 试一试

"假设你是华尔街量化总监，请用 VAR 模型分析我的持仓组合（附数据），用比喻方式解释最大回撤风险，并生成可粘贴到邮件中的三句话结论。"

📖 小贴士

1）遇到复杂任务时，把它拆成"数据输入 – 处理逻辑 – 输出格式"三步发给 AI。

2）重要指令后记得加"请用中国小学生能听懂的话再解释一遍"。

3）别让 AI 直接给结论，要让它展示推理过程。

技巧 65　智能交通管理：让城市交通更顺畅

1. 交通指挥变成"开盲盒"游戏

某物流公司调度员小王每天都要经历三次崩溃：早上看着全市 200 个路口的监控画面；中午处理交通事故时，应急方案永远比现场情况晚到半小时；晚上规划运输路线时，导航软件和实际路况的差距比较大。更魔幻的是，当他想让 AI 帮忙时，发现市面上的系统要么只会复读历史数据，要么提出的方案能让原本 2 小时的配送变成 8 小时"城市观光游"。

2. DeepSeek 上岗交通指挥中心

（1）实时交通预测：让信号灯学会"读心术"

把全市交通摄像头、手机信令、车载 GPS 数据统统"喂"给 DeepSeek，就像给 AI 装了 360 度全景天窗。DeepSeek 能输出未来 30 分钟的车流预测，让红绿灯配时方案比川剧变脸还快。

（2）事故处理：从手忙脚乱到"秒级响应"

当事故发生时，DeepSeek 能在 10 秒内完成三连击：调取周边 500 米所有的监控视角，自动生成三维事故模型；计算最佳绕行路线并同步给导航软件；给交警推荐处置方案时还会贴心地避开早高峰路线。

（3）物流优化：让货车司机告别"鬼打墙"

把订单数据、车辆信息、天气预报打包"喂"给 DeepSeek，它能像玩俄罗斯方块般自动拼出最优路线组合。更厉害的是系统会动态调整方案，遇到突发路况时改道速度比司机切换电台频道还快。

（4）自动驾驶训练营的秘密武器

车企工程师老张最近发现：用 DeepSeek 生成虚拟路况场景，比真实路测效率高 20 倍。

3. 给交通管理者的生存指南

（1）数据"喂养"说明书

1）每日定时投喂多维度数据（流量、事故、天气数据）。

2）重点标注特殊事件（演唱会、暴雨、道路施工）。

3）定期清洗过期数据。

（2）模型调整小技巧

1）用历史高峰数据做压力测试。

2）设置人性化约束条件（学校路段限速、医院周边禁鸣）。

3）每周让 AI 和人类指挥员 PK 决策方案。

（3）结果应用三原则

1）永远保留人工否决权。

2）重大决策制定采用人机混合双打。

3）给 AI 的失误建一个"错题本"。

📖 试一试

把你们城市上周的交通流量数据喂给 DeepSeek，让它预测下周一的早高峰拥堵热点，看看会不会比你的直觉更靠谱。

📖 小贴士

下次遇到交通管制时，不妨打开导航软件看看路线规划。

技巧 66　DeepSeek 在工程建筑行业的应用：让工程图纸学会自己说话

1. 设计院的"无限循环"困局

设计团队大多经历过这样的噩梦：

1）方案汇报时甲方拍手叫好，第二天却要求"保持高级感的同时降低成本 30%"。

2）预算永远像薛定谔的猫，不到施工结束不知道超支多少。

3）最扎心的莫过于，人类设计师熬夜三天解决的问题，AI 扫一眼就能列出 10 种优化方案，顺带标注"此方案还能让物业费每年省 20 万元"。

2. DeepSeek 的工地生存指南

（1）智能方案生成器：专治甲方"善变症"

把用地条件、设计规范、成本红线打包"喂"给 DeepSeek，输入"设计能看到江景的节能办公楼，预算比竞品低 15%，且要有网红打卡潜质"，它能瞬间产出 N 版合规方案，并贴心地标注："方案三的外立面清洁成本最低""方案五的动线规划能让外卖小哥少走 200 米。"

（2）冲突扫描仪：终结管线修罗场

把建筑、结构、机电模型一股脑"喂"给 DeepSeek，它会化身图纸界的"居委会调解员"：三秒揪出通风管和消防管的"肢体冲突"，自动生成"把水管抬升 10 厘米就能避免门柜过低"的调解方案，甚至提醒"六层休息平台的栏杆间距会让哈士奇钻过去"。

（3）造价预言家：预算不再开盲盒

平面图刚画完，DeepSeek 就开始建成："当前方案每平方米超支 8%，可把石材幕墙换成预制混凝土挂板，顺便提醒：地下车库的柱网布局会让车主练就侧方停车绝技。"

（4）云监工：比包工头更较真

通过工地摄像头和传感器，DeepSeek 能实时发出警报："3 号楼西侧脚手架正在表演危险平衡术""混凝土养护湿度比标准低 15%——建议立即浇水，否则强度会降低。"

3. 建筑人必备 DeepSeek 驯服术

（1）需求投喂三原则

1）给 DeepSeek 下任务要指令清晰，如"要个冬暖夏凉还省钱的屋顶"比"被动式节能设计"更有效。

2）甲方需求要原汁原味传达。

3）重要的事情说三遍：规范！规范！规范！

（2）改图避坑三招

1）让 DeepSeek 先做合规性检查再动手改图。

2）使用"方案进化"功能保留合理修改痕迹。

3）修改平面图时自动同步关联专业图纸。

（3）人机协作秘诀

1）方案创意阶段让大脑放飞，技术实现交给 DeepSeek。

2）每周让 DeepSeek 评估设计决策的"后悔指数"。

3）重要节点保留人类拍板权，防止 DeepSeek 过于"理性"。

📖 试一试

把正在修改的方案丢给 AI，输入"在不影响外观的情况下，找出三个最省钱的优化点"。

📖 小贴士

下次甲方凌晨三点要改方案时，试着回复"正在启用 AI 协同优化"。

技巧 67　当法律顾问"住进"手机：用 DeepSeek 解决高频法律难题

1. 法律咨询的"黄金三分钟"困境

深夜十一点，公司刘总盯着电脑屏幕发愁——合作方发来的合同密密麻麻 30 页，里面藏着"不可抗力条款""竞业限制协议"等专业术语，像迷宫里的密码锁一样。找律师？每小时四位数的咨询费令人望而却步。自己研究？法律条文读起来晦涩难懂。

2. AI 时代的解法革命

传统法律咨询像定制西装一样，专业但昂贵耗时。而 DeepSeek 这类 AI 工具更像是智能裁缝铺，能快速生成合身的基础款。通过以下核心技能，普通人也能用 DeepSeek 搭建 24 小时在线的"口袋律师"。

（1）技能一：合同审查流水线

操作指南：

将合同分段上传，输入："找出对乙方不利条款，并标注风险等级。"

案例示范：

某网络主播上传与演艺平台的合同模板，DeepSeek 直接找到合同漏洞并给出修改建议：

1）高风险条款：限制乙方在其他平台发展。知识产权独家授权给甲方。高额违约金（50 万元）。2）中风险条款：肖像权使用范围广泛；保底工资发放条件苛刻；甲方单方面解除合同的权利过大。3）低风险条款：保密义务不明确。建议：1）协商修改，与甲方协商调整高风险条款（如违约金金额、知识产权归属）；2）明确条件，在合同中明确保底工资的发放条件和直播时长要求；3）法律咨询，在签署前咨询专业律师，确保自身权益得到保障。

（2）技能二：日常咨询应答库

1）场景覆盖：劳动纠纷话术、租房合同模板、消费维权流程（附赠《吵架有理指南》）。

2）实战案例：用户输入"被裁员工如何谈判补偿"，DeepSeek 即刻输出 N+1 补偿条款、准备谈判的资料、谈判补偿的策略、法律途径及注意事项。

3）人设调教：通过对话喂养——"请用'居委会调解员'的口吻解释离婚冷静期。"

3. 总结

用 DeepSeek 打造法律顾问的本质，是让专业服务变得便捷。通过风险扫描流水线、智能问答数据库技能，普通人也能获得法律超能力。下次遇到合同纠纷时，与其焦虑，不如让 DeepSeek 先帮你厘清头绪。

📖 试一试

输入"用小学生能听懂的话解释《消费者权益保护法》第 55 条"。

　　📑 小贴士

遇到复杂法律问题时，先让 DeepSeek 做"初筛"，再用关键结论咨询专业律师，能省下 60% 以上的咨询费。

技巧 68　教师自救指南一：用 DeepSeek 砍掉 80% 备课苦力活

1. 西西弗斯的诅咒

凌晨两点的办公室，周老师盯着电脑屏幕，第 5 次修改"金属及其化合物"的课件。好不容易找到的教案和教材版本对不上，搜到的课堂互动方案要么幼稚，要么复杂。更崩溃的是下周公开课，教研组长要求准备三套不同风格的教学方案。

2. 输入不细更添堵

许多老师第一次用 DeepSeek 时，输入"帮我找一个初二语文人教版的教案"，结果收到几十页宽泛无用的"资料大礼包"。问题出在哪？ DeepSeek 不是读心术专家，笼统的指令只会换来注水内容。

3. 核心痛点

1）资料检索像大海捞针（版本过时、难度错配、学科割裂）。

2）教案设计内容宽泛无用（正确但无用、形式老旧、脱离学情）。

3）教学评估像开盲盒（错题归因错乱、分层教学费时、学情分析抓瞎）。

4. 五招教你玩转 AI 备课

（1）第一式：精准发令术（万能咖啡公式）

别说"来份高二地理教案"，就像不能对咖啡师说"随便来杯喝的"。试试这个点单模板：**角色定位 + 具体任务 + 特别要求**。

模糊指令：找点地理学案例。

精准指令：扮演教龄 12 年的高二地理教师，设计《长江流域文明》跨学科教案，融合考古学成果解析良渚水坝的水利工程变迁，附 3 张史前、古代、现代水利系统复原图对比。

效果类比：从"随便煮碗面"升级为"豚骨拉面配溏心蛋，面条偏硬，加双倍笋干"。

（2）第二式：内容瘦身刀（三步去水肿）

当 AI 输出注水内容时，请亮出这三把手术刀。

1）时长铡刀：设计一个 5 分钟完成的课堂小实验。

2）形式模具：用短视频形式讲解微积分。

3）钩子植入：准备三个搞笑段子解释万有引力定律。

（3）第三式：文风变形器（教学界百万调音师）

同一篇"力学定理"教案的四种打开方式如下。

1）幼儿园版：小动物们的"推推拉拉"游戏。

2）学霸版：牛顿三大定律的深度解析。

3）综艺版：《力学达人秀》挑战赛。

4）高阶版：用《王者荣耀》解析力学定理。

（4）第四式：资源雷达眼（全网智能捕手）

三大救命场景应对指南如下。

1）版本验证：比对人教版八年级《岳阳楼记》最新注释变更。

2）难度调节：把楞次定律实验改造成小学生能玩的磁铁游戏。

3）跨学科缝合：用《王者荣耀》地图解析赤壁之战的地理优势。

（5）第五式：安全避雷罩（安全使用三原则）

1）版本锁：严格遵循 2024 新课标第四单元要求。

2）价值观过滤：设计理性探讨两性平等的班会方案。

3）人工质检：对比苏教版教材第 158 页确认历史事件表述。

5. 总结

此刻，其他老师可能还在为板书配色纠结，而聪明的教育者已让 AI 生成方案，把赤壁之战变成动态推演沙盘。记住：DeepSeek 不是替代教师的对手，而是能把 24 小时变成 48 小时的备课帮手。毕竟，能打败熬夜加班的，从来都不是咖啡因，而是更强的生产力。

📖 试一试

输入"假设你是会讲脱口秀的历史老师，用 5 分钟段子说清安史之乱，要埋 3 个学生懂的网游梗"。

📖 小贴士

1）重要方案务必人工审核，DeepSeek 可能把《出师表》解读成职场指南。

2）用"请生成教学大纲框架"替代"帮我写完整教案"，保留创作主动权。

3）定期给 DeepSeek 喂优秀教案，它会越来越懂你的套路。

技巧 69　教师自救指南二：让 DeepSeek 化身"作业批改小助理"

1. 作业批改的"三重暴击"

想象一下，你既是流水线质检员（检查基础错误），又是心理咨询师（分析学习状态），还是策略顾问（给出改进建议）。有位初中语文老师开玩笑说："改作文就像在玩'大家来找茬'，标点错误、错别字、病句轮番轰炸，最后还要写评语、给建议，改完 30 份感觉脑细胞死亡了一半。"更扎心的是，学生拿到作业时，可能只看分数，对密密麻麻的批注视而不见。

2. AI 助手的"三头六臂"

这时，不妨试试让 DeepSeek 担任"智能助教"。它的工作模式就像给作业本装上"扫描仪 + 放大镜 + 备忘录"。

1）自动批改基础题：选择题、填空题、公式计算等标准化题型，交给 DeepSeek 就像用扫描枪录入商品条码，秒速完成且准确率高达 99%。比如，数学老师布置的 20 道方程题，DeepSeek 能在 3 分钟内完成全班的批改，并统计错误率最高题目。

2）辅助作文批改：复制粘贴学生的文章，输入"帮我批改这篇作文，指出里面的错别字、语法错误，以及写作亮点和改进建议"。DeepSeek 会给出非常详细的批改建议，包括错别字修正、语法调整、写作亮点分析、修改示例等。

3）生成个性化评语：输入"根据学生性格写鼓励式评语"的指令，DeepSeek 会给内向的学生写"你像春天的细雨润物无声，虽然不常主动发言，但每次小组合作时你记录的笔记总是最完整的，这就是属于你的独特光芒"，给散漫随性的学生写"你帮同学修好自动铅笔时的灵活双手让老师惊叹！如果能把这份机灵劲儿也用在按时交作业上，你绝对能成为班级黑马！"

3. 人机协作的"最佳拍档"

担心 AI 过于机械化？可以试试组合指令"分析这篇作文的三个优点、两个改进点，用初中生能理解的语言，以提问方式给出建议"。于是，你会得到这样的反馈："你发现文中有些词语被重复使用了吗？比如"美丽""开心"，你能试着用其他词语替换它们吗？建议：尝试用更丰富的词语来表达同样的意思。比如，"美丽"可以换成"绚丽""迷人"，"开心"可以换成"愉悦""欣喜"。这样会让你的语言更有变化，文章也更生动。"

有位初三的语文老师分享妙招：用 DeepSeek 生成初版批改评语后，自己再添加手写表情符号或个性化便签，效率提升的同时，学生反馈"老师的评语会卖萌了"。

4. 总结

AI 不是要取代教师，而是帮教师从重复劳动中解放，让教师把更多精力放在创造性教学上。就像洗衣机解放了主妇的双手，DeepSeek 这类工具正在重塑教育场景。当"批改作业"从体力活升级为脑力活，老师和学生都成了受益者。

📖 试一试

把一篇学生作文喂给 DeepSeek，输入"请用初中生能听懂的语言，指出两个优点和一个改进建议，最后用流行梗写一句鼓励语"。

📖 小贴士

1）初期可让 DeepSeek 批改客观题，保留主观题进行人工批改，逐步建立信任感。

2）定期检查 DeepSeek 标注的"疑似错误"，相当于给智能助手做"质检校准"。

3）对于重要作业，建议保留手写签名或特殊标记，保持教育温度。

技巧 70　软件开发者如何与 DeepSeek 高效协作？

凌晨三点的办公室，键盘声此起彼伏。电商平台开发组的小王盯着屏幕，眼皮开始打架——产品经理要求三天内上线大促库存预占功能，测试组还在连环轰炸历史订单系统的性能问题。这场景像极了编程界的"不可能三角"：既要代码质量，又要开发速度，还得应付突发需求。这时候，隔壁工位的老张悠悠飘来一句"试试让 DeepSeek 替你扛活？"

当代开发者早就不该和重复代码死磕。以电商库存预占功能为例，过去手动写 Redis 分布式锁和乐观锁机制至少要半天，现在对着 DeepSeek 输入"作为 Java 工程师，用 Spring Boot 写库存预占接口，要求加入 Redis 分布式锁、乐观锁机制、事务回滚注释，附带 Postman 测试用例"。

30 秒后，你会得到一份开箱即用的代码：带 @RedisLock 注解的业务逻辑，自动标注线程安全处理细节，甚至贴心地准备好了"正常扣减"和"超卖场景"的测试数据。

这种效率就像给代码装上了涡轮增压——原本需要手动编写的模板代码，现在用自然语言指令就能自动生成。

DeepSeek 的三个用法如下。

（1）需求细化

别说"我要一个计算器类"，试试"用 Python 写一个支持复数运算的计算器类，包含加减乘除方法，每个方法写三组边界条件测试用例。"越具体的需求，DeepSeek 生成的代码越精准。

某金融团队用这招，把"生成统计报表"的需求细化成"分析 2024 年 Q4 订单日志，找出响应超 500 毫秒的 TOP3 接口，对比 Q3 数据，输出热力图和三条 JVM 优化建议。"结果拿到了可直接导入 Prometheus 的脚本。

（2）问题拆解

遇到复杂任务时，把需求切成"代码生成→测试用例→性能优化"的流水线。比如处理图像识别代码：先让 DeepSeek 生成 OpenCV 基础框架，再追加指令"给这段代码加内存溢出防护"，最后要求"输出带时间戳的结构化日志"，这就像乐高拼装，DeepSeek 负责造零件，你来当总设计师。

（3）安全防护

某次 DeepSeek 生成的用户注册接口差点引发 SQL 注入漏洞后，某团队定了新规矩：所有 DeepSeek 生成的代码必须过三道安检——用 SonarQube 做静态扫描，用 OWASP ZAP 检测安全漏洞，人工复核敏感操作（比如资金结算）。

记住，DeepSeek 是称职的码农，但不是靠谱的审计员。

📖 试一试

假设你正在开发一个在线图书管理系统，需要实现一个图书借阅记录查询功能。请你运用 DeepSeek 的三个用法，设计出具体的指令或操作步骤，以生成相应的代码并确保其质量和安全性。

📖 小贴士

在使用 DeepSeek 进行代码生成时，尽量提供详细、具体的需求描述，包括使用的编程语言、框架、功能要求、测试用例等。这样可以大大提高生成代码的准确性和可用性。对于复杂的功能需求，可以将任务分解成多个小步骤，逐步让 DeepSeek 生成代码、测试用例和优化建议等。这样可以更好地控制代码质量和性能，避免一次性生成过多代码导致难以管理和调试。

技巧 71　程序员自救指南：让代码自己"长出来"的三大神技

深夜的写字楼里，键盘敲击声此起彼伏。某个程序员正盯着屏幕上闪烁的光标，突然感叹："这个 API 文档怎么比《红楼梦》的人物关系还复杂？"这样的场景每天都在上演，直到有人发现了让代码自动生成的秘密。

1. 代码生成术——把需求翻译成自然语言

想象你要用 Python 抓取天气数据，传统流程是：花 1 小时翻 API 文档，半小时调试请求参数，再用 20 分钟处理乱码问题，最后发现网站反爬机制直接锁了你的 IP。整个过程既考验耐心又容易翻车。

这时候就该召唤代码生成术。如对着 DeepSeek 输入："请用 Python 编写一个程序，用于判断输入的年份是平年还是闰年"，眨眼间，全套代码整整齐齐出现在屏幕上，甚至连注释都准备好了。DeepSeek 生成的代码如下所示。

```
def is_leap_year(year):
    # 判断是否是闰年
    if (year % 4 == 0 and year % 100 != 0) or (year % 400 == 0):
        return True
    else:
        return False
# 获取用户输入的年份
try:
    year = int(input("请输入一个年份："))
    if is_leap_year(year):
        print(f"{year} 是闰年。")
    else:
        print(f"{year} 是平年。")
except ValueError:
    print("输入无效，请输入一个整数年份。")
```

2. Bug 透视眼——让 DeepSeek 当代码法医

程序员最怕的不是需求变更，而是控制台突然蹦出莫名其妙的错误提示。这就像在黑暗房间里找隐形的猫，有时候甚至怀疑是量子力学在捣乱。特别是面对"祖传代码"时，每个变量都像薛定谔的猫——不运行永远不知道它是死是活。

这时请开启 Bug 透视眼。把报错信息粘贴到 DeepSeek 对话框："Uncaught TypeError: undefined is not a function"，DeepSeek 就能化身代码法医，指出问题和解决方法：

Uncaught TypeError: undefined is not a function 是 JavaScript 中常见的错误，通常表示你尝试调用一个未定义的函数。以下是解决此问题的步骤和方法。

1. 检查函数名拼写和大小写

JavaScript 是区分大小写的语言，确保函数名的拼写和大小写完全正确。

2. 确认函数是否已定义

在调用函数之前，确保该函数已经被正确定义。如果函数是通过变量赋值定义的，检查是否正确赋值。

3. 检查函数的作用域

确保函数在调用时处于正确的作用域内。如果函数是通过异步代码加载的（例如通过 Ajax 或动态加载的脚本），可能需要等待加载完成后再调用。

4. 检查对象的类型

在调用函数之前，使用 typeof 操作符检查变量是否为函数类型。

3. 代码整形师——给代码做整形

写功能正常的代码就像会做蛋炒饭，但要写出优雅高效的代码，得是米其林三星水准。这时需要代码整形师。在 DeepSeek 输入框中输入低效且不优雅的冒泡排序代码：

```
def bubble_sort(arr):
    n = len(arr)
    for i in range(n):
        for j in range(n - i - 1):
            if arr[j] > arr[j + 1]:
                temp = arr[j]
                arr[j] = arr[j + 1]
                arr[j + 1] = temp
    return arr
# 测试代码
data = [64, 34, 25, 12, 22, 11, 90]
```

```
print(" 原始数据 :", data)
sorted_data = bubble_sort(data)
print(" 排序结果 :", sorted_data)
```

DeepSeek 的高效且优雅的冒泡排序输出：

```
import threading
def partial_bubble_sort(arr, start, end):
    """
    针对数组的一部分进行冒泡排序
    """
    for i in range(start, end):
        for j in range(start, end - i - 1):
            if arr[j] > arr[j + 1]:
                arr[j], arr[j + 1] = arr[j + 1], arr[j]

def multi_threaded_bubble_sort(arr, num_threads=4):
    """
    使用多线程进行冒泡排序
    """
    n = len(arr)
    threads = []
    chunk_size = n // num_threads
    for i in range(num_threads):
        start = i * chunk_size
        end = (i + 1) * chunk_size if i != num_threads - 1 else n
        thread = threading.Thread(target=partial_bubble_sort,
            args=(arr, start, end))
        threads.append(thread)
        thread.start()
    for thread in threads:
        thread.join()
    # 最后对整个数组进行一次排序，确保全局有序
    optimized_bubble_sort(arr)
# 测试代码
data = [64, 34, 25, 12, 22, 11, 90] * 1000      # 假设数据量较大
print(" 原始数据 :", data[:10], "...")           # 只显示前 10 个元素
multi_threaded_bubble_sort(data)
print(" 排序结果 :", data[:10], "...")           # 只显示前 10 个元素
```

4. 总结

现代程序员已经进入新工作模式：人类负责天马行空的创意，AI 负责把

创意翻译成代码。就像不会手绘的建筑师用 CAD 造摩天大楼，善用工具的程序员正在重新定义开发效率。下次凌晨三点接到需求时，可以打开代码生成工具，然后优雅地答复："给 AI 十分钟，还你八小时睡眠。"

📖 试一试

输入"请用 Python 编写一段代码，绘制出一个爱心形状！"。

📖 小贴士

当你遇到代码报错或需要快速生成功能脚本时，只需向 DeepSeek 输入需求，它就会自动生成可运行代码并智能排错。

|第 8 章| C H A P T E R

DeepSeek 在生活中的使用技巧

技巧 72　当好妈妈：如何用 DeepSeek 搞定挑食娃的营养餐？

家长都听说过"营养均衡"这个词，但实操起来就像要在游乐场里按住一个熊孩子——明明知道该做什么，就是控制不住场面。某天，家长心血来潮买了一本《儿童营养大全》，结果发现书里推荐的"西蓝花、三文鱼、藜麦饭"还没端上桌，孩子已经逃到了三米开外。更崩溃的是，好不容易研究明白 DHA 和钙的摄入量，转头发现家里只剩鸡蛋和半根胡萝卜。

1. 厨房里的营养学难题

想象你是一个需要同时扮演营养师、魔术师和谈判专家的超人妈妈，既要保证蛋白质、维生素、膳食纤维样样到位，还得把菜做得像动画片里的魔法料理。更可怕的是，今天孩子突然说"所有绿色食物都是外星毒药"，明天又认定"圆形食物会带来厄运"。这种堪比谍战剧的餐桌攻防战，让多少老父亲、老母亲在深夜里对着冰箱发呆。

2. 智能助手的营养救援

这时候就该请出 DeepSeek 这位 24 小时在线的营养顾问兼创意厨师了。它不像教科书那样说"每日需摄入 300g 蔬菜"，而是会告诉你："奶酪的浓郁味道可以中和西蓝花的苦味，孩子更容易接受"；当孩子死活不吃鱼时，它会建议"将鱼摆成有趣的形状，吸引孩子的注意力"。这种解决问题的思路，就像给厨房装了一台食物变形器。

3. 三招变身营养魔法师

第一招是"智能替代法"。对着冰箱里的菠菜和牛奶拍张照，输入"现有食材 + 儿童营养餐"，会立刻获得 5 个解决方案，比如把菠菜打成汁和面，做成菠菜牛奶松饼。

第二招是"趣味改造术"。输入"把胡萝卜变得像薯条"，DeepSeek 会输出空气炸锅版胡萝卜条的详细攻略。更厉害的是，它附带切条、调味和蘸酱搭配技巧。

□ 切条技巧：尽量将胡萝卜切成均匀的细条，这样烤或炸的时候受热均匀，口感更好。

□ 调味技巧：可以根据孩子的口味调整调料，比如加入芝士粉、辣椒粉等。

□ 蘸酱搭配技巧：番茄酱、酸奶酱、牛油果酱等都是不错的搭配，可增加趣味性。

第三招是"营养隐身术"。如遇到死活不吃西蓝花的情况，输入"隐藏西蓝花的 10 种方法"，能获得从西蓝花奶酪通心粉到西蓝花意面酱的魔鬼配方。

4. 实战案例：挑食终结计划

四岁男孩天天，见到绿色食物就上演"呕吐戏"。家长输入"对抗绿色恐惧症的营养方案"，DeepSeek 给出的方案为：先从温和的绿色蔬菜开始，将绿色蔬菜"藏"起来，接着改变烹饪方式、搭配孩子喜欢的食物、创意摆盘等，最后保持耐心。两个月后，天天主动要求吃"会魔法的'绿巨人'套餐"。

5. 总结

处理儿童营养餐就像玩俄罗斯方块，既要严丝合缝又要灵活应变。通过食材智能替代、趣味改造和营养隐身这三板斧，配合 DeepSeek 的即时方案，挑食战争终于有了"停火协议"。记住，再难搞的饮食问题，本质都是创意游戏。

　　📑 试一试

拍照冰箱里的鸡蛋、西红柿、剩米饭，在 DeepSeek 输入框里输入"5 分钟儿童营养早餐"。

　　📑 小贴士

在提问时说明孩子的特殊偏好，比如"讨厌黏糊口感""只吃圆形食物"。

技巧 73　心理咨询生存指南：让 DeepSeek 成为你 24 小时情绪管家的五个神奇技能

据某平台数据显示，超 60% 的年轻人每周至少会经历 3 次情绪崩溃时刻，但传统心理咨询每小时 500 ～ 1500 元的收费标准，让打工人对着账单就能再崩溃一次。

当我们终于鼓起勇气预约心理咨询，却发现要经历三重难关：提前两周排队，首次咨询要花 40 分钟讲述人生故事，好不容易进入正题却收到"今天时间到了"的温馨提示。更尴尬的是，当你想半夜两点倾诉失恋痛苦时，心理咨询师不能及时提供服务。

如何在钱包不破产、时间不浪费的情况下，获得即时的情绪疏导和可落地的解决方案？当忧郁情绪说来就来，我们是否需要一位全年无休、秒回信息且精通各种心理流派的智能顾问？

DeepSeek 的心理咨询服务技能如下。

1. 技能一：精准提问术（把心事翻译成 DeepSeek 听得懂的莫斯码）

案例示范：不要输入"我最近心情不好"，而要输入"周三方案被否后连续失眠，食欲减退，对工作产生抗拒，请用认知行为疗法帮我分析"。

进阶公式：具体事件 + 身体反应 + 持续时间 + 期待方向。

避坑指南：避免开放式抒情，DeepSeek 不是树洞，是解谜高手。

2. 技能二：问题拆解大法（像吃蛋糕一样分解心理困扰）

实战教学：把"我总在恋爱中受伤"拆解为：

☐ 最近三次矛盾的具体场景。

☐ 重复出现的负面认知（如"他肯定觉得我很烦"）。

☐ 身体反应记录（心跳加速、胃部紧缩等）。

3. 技能三：游戏化改造术（让拖延变成通关游戏）

当拖延遇上 DeepSeek，就像给俄罗斯方块游戏开了外挂。试着把"我好焦虑"的抽象情绪，变成 DeepSeek 能处理的具象闯关任务。

实战案例：向 DeepSeek 输入："我正在拖延年终总结，焦虑值爆表。请设计 5 个游戏关卡帮我启动，每个关卡不超过 15 分钟，完成有奖励提示。"

你可能会得到这样的闯关攻略。

关卡 1：脑力风暴

任务：在 15 分钟内，列出你今年完成的所有工作（不用分类，想到什么写什么）。

工具：纸笔或电子文档。

奖励提示：完成后来一杯最喜欢的饮品（咖啡、茶、果汁等）。

关卡 2：分类整理

任务：将关卡 1 列出的内容分为 3 ～ 5 类（如"项目成果""团队协作""个人成长"）。

时间：15 分钟。

奖励提示：完成后听一首喜欢的歌，放松 2 分钟。

关卡 3：关键词提炼

任务：为每个分类提炼 3 ～ 5 个关键词，概括核心内容。

时间：15 分钟。

奖励提示：完成后吃一块巧克力或小零食。

关卡 4：故事串联

任务：用关卡 3 的关键词，串联成一个简短的故事（3 ～ 5 句话）。

时间：15 分钟。

奖励提示：完成后站起来活动一下，做 3 个深呼吸。

关卡 5：初稿速写

任务：根据关卡 4 的故事，快速写出年终总结的初稿（300 ～ 500 字）。

时间：15 分钟。

奖励提示：完成后给自己一个大大的赞，或者发一条朋友圈庆祝！

总结与后续

完成奖励：如果 5 个关卡全部完成，奖励自己一件期待已久的小礼物（如一本书、一顿美食）。

科学原理：DeepSeek 会像游戏设计师般拆解任务，用"进度可视化＋即时爽感反馈"对抗焦虑，就像给大脑涂了层特氟龙涂层，让拖延情绪滑不走也粘不住。

4. 技能四：情感翻译器（破解亲密关系的信号盲区）

在 DeepSeek 输入框中输入"你是一个情感翻译器，当我的恋人对我说'没事'，我该怎么做"，可能会得到这样的情感建议。

"没事"

表面意思：一切都好，不用担心。

潜台词

"我有点不开心，但不想让你担心。"

"我希望你能主动发现我的情绪。"

"我不知道怎么表达，所以选择沉默。"

情感翻译

他的心情：可能有些低落或委屈，但选择独自消化。

您的行动建议：耐心地问"真的没事吗？我很在意你的感受"。

5. 技能五：日常维护指南（打造你的心理健身房）

❑ 晨间训练：输入"生成今日积极心理暗示三连击"。

❑ 午间急救：发送"当前压力值 78%，急需 5 分钟放松方案"。

❑ 夜间复盘：使用"今日情绪热力图生成"功能。

【特别提示】DeepSeek 心理咨询"三要三不要"：

❑ 要当作 24 小时在线的心理百科。

❑ 要提供用于具体场景的解决方案。

❑ 要结合专业咨询进行重大决策。

❑ 不要用于危机干预。

❑ 不要完全替代人类咨询师。

❑ 不要输入模糊的哲学问题。

6. 总结

这套技能的精髓在于：把 DeepSeek 当作智能心理健身教练，既能随时进行情绪拉伸，又能定制成长计划。记住，DeepSeek 解决不了的"人生终极难题"，通常心理咨询师也束手无策。这时候，你需要的是好好睡一觉，毕竟明天太阳照常升起。

🔲 试一试

输入：（职场焦虑）连续三周加班到凌晨，开始怀疑人生，用朋友的口吻给我些建议。

观察 DeepSeek 如何平衡共情与理性，输出既有温度又有方法论的回答。

🔲 小贴士

1）遇到套路化回复时，尝试追加"如果是你最好的朋友遇到这种情况，你会怎么说？"。

2）记录有效对话模板，建立自己的"心理急救话术库"。

3）当出现严重心理问题时，请务必寻求专业帮助，DeepSeek 不能代替医生。

技巧 74　用 DeepSeek 打造专属选房顾问：从"大海捞针"到"精准狙击"

在房价高企、房源信息爆炸的时代，普通人想找到一套心仪的房子，堪比在夜市里找一根掉落的绣花针。中介的推荐总带着"滤镜"，自己筛选又容易被平台算法绕晕——要么是"虚假精装修"的卖家秀，要么是"地铁 800 米"（实际得走 20 分钟）的文字游戏。更头疼的是，面对户型图、容积率、学区政策这些专业术语，外行人往往只能跟着感觉走，最后签合同时才发现踩了坑。

1. 选房的"信息沼泽"

想象一下：你需要在 10 个平台浏览 500 套房源，对比 30 个参数，还要分辨"近地铁"到底是步行 5 分钟还是需要骑共享单车。更糟糕的是，当你问中介"这个小区物业怎么样"，得到的回答永远是"绝对没问题"，而真实的业主论坛里却充斥着"电梯三天两头坏"的吐槽。这种信息不对称的困境，让买房成了"开盲盒"游戏。

这时候，你需要一个既懂房产数据、又能匹配需求的"智能侦察兵"。DeepSeek 的语义搜索和多轮对话能力，就像给信息洪流装上了智能滤网。它能用自然语言理解你的需求，比如输入"预算 400 万元、朝南、带学区、物业口碑好"，然后 DeepSeek 会自动抓取全网房源信息、业主评价甚至周边配套数据，生成一份干货分析报告。

2. 三步驯服选房"信息龙卷风"

（1）精准投喂需求，拒绝"猜心游戏"

别再用"帮我找套好房子"这种模糊指令，这和让朋友推荐餐厅却说"随便"一样不靠谱。试试万能公式：

"我要找北京朝阳区 90 ～ 120m² 的三居室，总价不超过 450 万元，优先考虑 15 年内的次新房，最好有朝阳实验小学学区，但担心小区停车位紧张，请对比最近半年成交价并分析性价比。"

DeepSeek 会像经验丰富的房产顾问，自动过滤不符合条件的房源，同步整理历史价、车位配比、房龄、学区情况、停车位情况等关键信息，甚至会为你生成性价比评分。

（2）让 DeepSeek 当"避坑指南"

遇到专业报表就头大？直接对 DeepSeek 说"用大白话解释"。比如问："用大白话解释：这个小区容积率 2.5 代表什么？"它会直接告诉你："容积率低（比如 1.5）——小区房子少，空地多，住起来宽敞舒服。容积率高（比如 2.5）——小区房子多，可能楼比较高或者楼间距小，住的人多，可能会有点挤。"

还能让它模拟看房场景："假设我是第一次买房的小白，请列出验房时需要检查的 10 个细节，用大白话解释。"

（3）多轮对话炼成"黄金组合"

第一轮筛选出 5 套备选房源后，别急着做决定。用连续追问挖掘隐藏信息，如输入"请用表格对比这 5 套房的物业费、车位租金、最近三年涨幅，自动生成可视化数据对比"，或者"模拟未来五年，如果利率上涨 1%、学区政策调整，哪套房抗风险能力最强？，请结合政策文件和历史数据推演"。

3. 总结

DeepSeek 的选房"魔法"本质是"需求翻译 + 数据挖掘 + 风险预判"的三位一体。通过清晰的指令设计和多轮对话校准，普通人也能拥有地产分析师级别的决策支持系统。

📖 试一试

输入："我在北京朝阳区工作，想买首套房，预算 500 万元，接受通勤 1 小时内，希望小区有健身房和儿童游乐区，请推荐 5 个符合条件的小区，并用表情包风格解释它们的优缺点。"

📖 小贴士

1）查学区政策时，加上"截至 20×× 年 × 月最新"，避免信息过时。

2）对比房源时要求"用买菜砍价的逻辑分析价格水分"。

3）遇到专业报告，试试"用给学生讲解的方式总结核心结论"。

技巧 75　让 DeepSeek 当你的选车"军师"

1. 普通人买车的烦恼

如今新能源汽车销量占比迅速增加，充电桩遍布全国。但当你真正要掏钱买车时，会发现事情并不简单——续驶里程虚标、充电桩适配、电池寿命、智能系统卡顿等问题，就像超市货架上的巧克力，包装都漂亮，咬下去才知道有没有坚果硌牙。

打开汽车官网，参数表抽象难懂，如"CLTC 续驶 605km""800V 高压平台""SiC 模块"。销售顾问的"绝对够用""行业领先"像万能话术，试驾半小时根本试不出深浅。更可怕的是论坛里的极端评价"续驶打五折！"和"充满电跑出表显里程！"同时存在，让人怀疑他们开的是不是同一款车。

既不是汽车工程师，也没时间研究三个月，如何快速抓住重点？怎样识破营销话术？如何把晦涩参数翻译成真实使用场景？最关键的是，怎么用最短的时间找到真正适合自己的车？

2. 核心方法论：用"场景翻译法"精准提问

不要直接问"××车怎么样"，而要描述使用场景，具体如下。

- 通勤族可以问："每天往返 60 公里，周末偶尔郊游，冬季零下 10 度地区，实际续驶能达到多少？"
- 充电焦虑者可以问："小区不能装充电桩，附近只有国家电网快充站，充电兼容性如何？"
- 长途爱好者要问："连续驾驶 4 小时情况下，智能驾驶系统会频繁退出吗？"

（1）实战技巧：参数翻译"三板斧"

1）续驶参数破解术。

输入："CLTC 续驶 605km 相当于实际能开多少公里？"

输出：CLTC 续驶 605km 在实际驾驶中大约能行驶 420 ～ 480km，具体里程取决于驾驶条件和个人习惯。

2）充电速度大白话。

输入："800V 高压平台 +250kW 充电功率，实际充到 80% 要多久？"

输出：在 800V 高压平台和 250kW 充电功率下，实际充到 80% 大约需要 21 分钟。具体时间可能因电池状态、温度等因素略有不同。

3）电池寿命精算。

输入："磷酸铁锂电池循环 3000 次，家用每年充电 150 次，能用多久？"

输出：3000÷150=20 年，但提醒实际使用年限可能因电池维护、使用环境等因素略有不同。

（2）实战技巧：需求排序模板

用以下模板提问：

"30 岁三口之家，预算 20 万～ 25 万元，主要需求：

1）后排安装安全座椅后还能坐两个成年人。

2）每年 2 次单程 500 公里的长途。

3）希望用车成本低，推荐 5 款新能源车，并说明推荐理由和潜在缺点"。

（3）实战技巧：避坑指南生成

输入："买新能源车最容易后悔的 5 个点"。

DeepSeek 会给出如下建议。

购买新能源车时，以下 5 个方面最容易让车主后悔。

1. 续驶里程不足

问题：实际续驶里程往往低于官方宣传，尤其在高速或低温环境下。

建议：选择续驶里程更高的车型，并考虑实际使用环境。

2. 充电设施不便

问题：充电桩分布不均，排队等待，充电时间长。

建议：提前了解居住和工作地点的充电设施情况，考虑安装家用充电桩。

3. 保值率低

问题：新能源车贬值速度快，二手车市场接受度低。

建议：选择知名品牌和口碑好的车型，关注保值率信息。

4. 维修保养成本高

问题：电池更换成本高，维修网点少，配件等待时间长。

建议：选择售后服务网络完善的品牌，了解电池保修政策。

5. 技术更新快

问题：新能源车技术更新迅速，新车很快过时。

建议：关注行业动态，选择技术成熟、更新周期较长的车型。

结论

购买新能源车前，务必全面考虑续驶里程、充电设施、保值率、维修保养和技术更新等因素，以免后悔。

3. 总结

选车关键不是找最完美的，而是找最合适的。通过 DeepSeek 的场景化提问，能把冰冷的参数翻译成生活场景，把营销话术转化成真实体验。记住，好车是"问"出来的——问对问题，才能得到对的答案。

📖 试一试

输入"我住在东北，每天通勤 50 公里，小区没有固定车位，推荐 3 款 25
万元以内的新能源车，用大白话说明优缺点。"

📖 小贴士

遇到专业术语时，在问题后加"用大白话解释"。

技巧 76　如何用 DeepSeek 把家务变成"消消乐"？

每天下班推开家门，看到堆满水槽的碗筷、散落一地的玩具、待换洗的床
单被套，总有一种"家务永远做不完"的绝望感。更气人的是，当你刚擦完桌
子准备坐下，转头发现猫又把猫砂刨得满地都是——这种动态增加的"支线任
务"，简直能让所有时间管理技巧瞬间失效。

1. 传统方法的"翻车现场"

试过按清单逐项处理，结果洗完衣服后才发现忘记预约维修师傅；也尝试
过四象限法则，但"紧急且重要"的标签贴得满屋子都是，最后连喝口水都要
纠结半天。最扎心的是，好不容易按计划打扫完厨房，家人突然发来消息"晚
上有朋友来家里聚餐"——所有努力当场归零。

2. 问题到底出在哪

家务不是静态任务，而是一场随时刷新的游戏：任务会动态新增（孩子
打翻牛奶）、条件会突变（拖地时停水）、资源要调配（洗衣机运行时才能擦玻
璃）。这时候需要的不是计划表，而是一个能实时计算最优路径的"家务导
航仪"。

3. 让 DeepSeek 当你的家务指挥官

（1）动态优先级算法

把"维修师傅 17 点下班、蔬菜保鲜期还剩 2 小时、擦窗任务不限时间"
等时间变量告诉 DeepSeek，它会像急诊室分诊系统一样，自动计算"现在不

做就来不及"的任务。比如它会提醒："为了高效完成家务，我制订了以下行动计划。

1）立即开始做饭，确保蔬菜在保鲜期内使用。

2）在做饭的过程中联系维修师傅，安排维修时间，确保在 17 点前完成联系。

3）完成做饭后，根据维修师傅的安排，决定是否今天进行维修或改天。

4）最后进行擦窗户，利用剩余的时间完成清洁工作。

通过合理安排时间和优先级，我能够确保所有家务按时完成，同时应对可能出现的突发情况。"

类比场景：就像快递员规划派送路线，既要考虑客户在家时间，又要计算包裹保质期。

（2）任务聚类功能

输入"需要用到梯子的任务、只能在阳台完成的工作"，DeepSeek 会自动打包同类项。比如建议："重新规划擦窗户任务，优先清洁阳台的窗户，确保安全使用梯子。如果室内窗户需要使用梯子，考虑使用其他清洁方法或暂时搁置。"

生活实例：就像去超市前把需要冷藏的、日用的、宠物区的商品分类采购，避免来回折腾。

（3）突发事件缓冲带

当临时增加"接待客人"任务时，DeepSeek 不会简单粗暴地让你通宵打扫，而是重新计算。

☐ 做饭：预计 1 小时。

☐ 联系维修师傅：预计 15 ～ 30 分钟。

☐ 准备接待客人：预计 1 小时。

☐ 擦窗户：预计 1 ～ 2 小时，具体取决于阳台窗户的数量和大小。

生动比喻：这就像消消乐游戏，新掉落的形状不一定要严丝合缝，而是可以旋转调整融入现有布局。

4. 为什么这套方法更聪明

传统时间管理工具像刚性课表，而 DeepSeek 可根据难度动态调整难度。

☐ 识别你的"家务战斗力"（体力值、可用时间）。

☐ 扫描环境变量（天气、家人动向）。

☐ 寻找最优组合（擦窗安排在晴天，大扫除避开孩子网课时间）。

曾有用户测试发现，用 DeepSeek 规划周末家务，竟多出 2 小时午睡时间，因为 DeepSeek 发现周日预报有雨，果断把晒被子任务提前到周六下午。

5. 总结

别再和脏衣服、灰尘玩"打地鼠"游戏了。通过动态排序、智能打包、弹性调整这三板斧，DeepSeek 能把杂乱的家务变成可计算的策略游戏。下次面对突发状况时，记住你不是在"做家务"，而是在指挥一场资源优化战役——而 DeepSeek 就是你的实时作战参谋。

📖 试一试

在 DeepSeek 输入框输入："今天 18 ～ 20 点有空，需要完成洗衣服、做饭、给孩子检查作业、清理浴室，但洗衣机维修工可能随时上门。请按紧急度和耗时智能排序，并预留弹性时间。"

📖 小贴士

1）给任务加标签更高效，比如 # 需要网络（预约服务）、# 静音任务（孩子睡觉时可做）。

2）设置"后悔药"参数，如"若擦玻璃超过 30 分钟未完成，自动降级为只擦内侧"。

3）每周日让 DeepSeek 生成"家务热点图"，找出总被延期的家务盲区。

技巧 77　如何让 DeepSeek 成为你的"咖啡顾问"？

1. 咖啡选择的困惑

在快节奏的生活中，咖啡已经成为许多人不可或缺的提神饮品。咖啡种类繁多，从速溶咖啡到现磨咖啡，从平价连锁店到高端咖啡馆，价格和品质的差距让人摸不着头脑。有些人可能会纠结："为什么这家店的咖啡贵那么多？是不是真的更好喝？"或者"这家店看起来很便宜，但质量会不会很差？"

面对这些困惑，我们多么希望有一个"咖啡顾问"，能帮助快速分析市场数据，找到高性价比的咖啡。

这时，DeepSeek 就可以派上用场了！作为一个强大的 AI 工具，它可以帮你快速分析咖啡市场数据，提供个性化的建议。具体来说，你只需要向 DeepSeek 提出问题，比如："哪些咖啡品牌性价比最高？"或者"哪里能买到高性价比的咖啡豆？"DeepSeek 会根据实时数据，为你整理出一份清单，告诉你哪些品牌或店铺在品质和价格上表现最佳。

2. 方法

1）明确需求：首先，你需要明确自己的需求，是想要速溶咖啡，还是现磨咖啡？是日常饮用，还是偶尔享受？

2）提问技巧：在提问时，尽量具体化。比如："请列出 100 元以内性价比最高的咖啡豆品牌。"或者"推荐几家附近高性价比的咖啡馆。"

3）分析数据：DeepSeek 会根据你的需求，提供一份详细的分析报告，包括价格、品质评分、用户评价等关键信息。

4）做出选择：根据分析结果，你可以快速锁定几款高性价比的咖啡，再结合自己的口味偏好，做出最终选择。

3. 总结

通过 DeepSeek 的帮助，挑选咖啡的过程可以变得轻松又高效。它就像一个聪明的购物助手，帮你过滤掉杂乱的信息，直接找到最优的选择。无论是买咖啡豆还是去咖啡馆，DeepSeek 都能让你的咖啡选择更有针对性，避免"踩雷"或"乱花钱"。

📖 试一试

1）在 DeepSeek 输入框中输入"推荐几个价格在 100 元以内，品质较好的咖啡豆品牌"。

2）根据 DeepSeek 的建议，去超市或网上购买一款，亲自体验它的品质。

3）如果有不满意的地方，可以再次向 DeepSeek 提问，调整你的选择标准。

📑 小贴士

1）如果你不确定自己的口味偏好，可以先尝试小包装或样品，再决定是否长期购买。

2）不要盲目追求高价品牌，性价比高的产品往往能带来更好的体验。

3）定期关注咖啡促销活动，也能帮助你节省开支。

技巧 78   如何让 DeepSeek 成为你的"私人造型师"？

据统计，都市人平均每天花 12 分钟在穿搭上，一年累计 73 小时。更扎心的是，当你穿着精心搭配的"三件套"（格子衫＋牛仔裤＋双肩包）去见客户，对方秘书却误以为你是来做维修的。或者参加同学会时，发现十年前买的西装裤混搭了花衬衫。这些惨痛经历告诉我们：穿搭光靠直觉可能会不合时宜。

其实，解决问题的关键在于，找到懂你又懂时尚的"数字造型师"。比如用 DeepSeek 分析身形数据（如身高、体重、肩宽数据），它会像裁缝店老师傅一样思考："肩宽 44 厘米对于 158 厘米的身高来说，可能属于倒三角形或长方形体型。这种体型通常上半身较为突出，适合通过穿搭平衡上下身比例。"想知道雾霾蓝毛衣配什么下装，它不仅能给出 8 种方案，还会提出搭配建议："如果喜欢大胆的风格，可以选择小面积的亮色下装，与雾霾蓝形成撞色效果，非常吸睛。"

更实用的场景化服务堪称"穿搭界的高德地图"：输入"周二要见投资人""周末去美术馆约会""回老家参加表妹婚礼"，就能获得从单品选择到配饰搭配的全套方案。最妙的是"旧衣改造"功能，对着衣橱拍张照，DeepSeek 能把你压箱底的条纹衫和阔腿裤重新组合，搭配出时下最时髦的风格。

这个智能造型师还有两大绝活：一是"色彩避雷"，能根据你的肤色推荐专属色卡；二是"单品重复利用"，教你用基础款白 T 恤搭出不同的风格，就像游戏里的装备合成系统，让每件衣服都发挥最大的价值。

　📑 试一试

在 DeepSeek 输入框中输入"身高 178cm/ 体重 65kg/ 梨形身材，下周要参加述职汇报，现有藏青色西服套装、米色针织衫、黑色乐福鞋，求搭配方案"。

　📑 小贴士

拍照整理衣橱时，记得把常穿单品放在显眼位置；询问搭配建议时，附上场合需求和气候信息会得到更精准的方案。

技巧 79　让 DeepSeek 成为你的 24 小时旅行管家

现代人出游前总要经历这样的折磨：打开十几个攻略网站，对比几十篇游记，最后被互相矛盾的推荐搞到头晕眼花。有人明明想看海却订了山景房，有人花三小时排队网红餐厅却发现味道平平，还有人因为漏查天气预报在台风天被困在岛上——这些真实案例每天都在上演。

1. 别让攻略网站绑架你的假期

想象你是个刚学会走路的小朋友，面前摆着 100 种糖果却只能从中选 3 颗。选择困难症患者面对旅游规划时就是这种状态：既要考虑预算、时间、交通，又要平衡景点的趣味性和体力消耗，想要的很多，可选的很少。更可怕的是，当你终于做好攻略，抵达后却发现网红博物馆当天闭馆，特色美食店已经倒闭，暴雨打乱了所有户外计划——手机相册里只会留下你站在雨里撑伞的苦笑。

这时候就该让 DeepSeek 化身智能导航仪。它不会像传统搜索引擎那样只是甩给你 100 篇攻略，而会像经验丰富的导游一样，把零散信息煮成一锅香喷喷的"旅行佛跳墙"。比如输入"北京三天两夜美食之旅，预算人均 500 元，不爱排队"，它能瞬间整合老北京私藏的大排档、错峰就餐攻略，甚至能规划出从糖葫芦摊到烤鸭店的最佳步行路线。

2. 三招驯服旅行规划这头"野兽"

第一招叫"剥洋葱提问法"。与其问"巴黎怎么玩？"，不如层层细化："第一次去巴黎，住市里好还是郊区好？""哪些小众美术馆周一也开放？""去治安较差的区域时要避开哪些地铁站？"DeepSeek 就像训练有素的侍酒师，问题越具体，它给出的推荐就越对味。

第二招是"需求连连看"。把看似矛盾的需求抛给 DeepSeek："想带父母和 7 岁孩子去上海，既要文化景点又要儿童设施，每天步行不超过 6000 步。"它会像变形金刚般，组合出科技感＋亲子讲解、博物馆＋午休方案、东方明珠塔游船＋无障碍路线这样的神奇行程。

第三招"应急预案生成器"最救命。出发前记得追问："如果迪士尼那天下雨，有什么备选方案？""当地突发罢工的话，去机场的替代交通怎么安排？"这就像在行李箱夹层藏了急救包一样，关键时刻能拯救整个假期。

3. 警惕 AI 的"美丽误会"

当然，AI 偶尔也会闹乌龙。曾有人被 AI 推荐去"本地人最爱的悬崖日落观景点"，结果发现是未开发区域。所以使用 DeepSeek 时务必加上验证指令，比如让 DeepSeek 推荐餐馆时，可以加上"请提供三家餐馆的官网链接"。就像出国旅行前检查护照有效期一样，多花两分钟能避免大麻烦。

4. 总结：你的私人旅行参谋已上线

下次规划旅行时，不妨把 DeepSeek 当作会 72 变的旅行管家。它能同时扮演美食侦探、路线规划师、预算会计、文化解说员，甚至天气预报员。记住，好的AI 对话就像跳探戈——你进一步，它退一步，配合越默契，出来的方案就越惊艳。

📖 试一试

在 DeepSeek 中输入"规划从南宁出发的周末柳州游，高铁往返，要包含历史建筑和柳江夜景，吃辣，带三个验证过的真实餐馆链接"。

📖 小贴士

1）可以增加指令识别度："推荐 5 个适合拍照发朋友圈的景点。"

2）遇到复杂需求时分开提问："先做上午行程，再优化下午安排。"

3）最后加一句："用表格形式展示每天的时间、地点、预算。"

技巧 80　如何让 DeepSeek 成为你的随身教练？

现代人总在"想健身"和"懒得动"之间反复横跳。办了年卡却只用来洗澡，下载了健身 App 却让它躺在手机里吃灰，收藏了无数教程却永远停在第一个动作——这些场景堪称当代都市人的"健身行为艺术"。更令人头疼的是，好不容易鼓起勇气开练，却发现自己连深蹲时膝盖该朝哪个方向都不知道，练完第二天走路姿势像刚学会直立行走的原始人。

1. 健身的薛定谔式困境

健身是个技术活，光有热情不够，还得讲究方法。很多人跟着网红教程练到腰酸背痛，最后发现视频里的示范模特是体操运动员出身；或是照抄健身房的撸铁大哥的作业，结果第二天连筷子都拿不稳。更别说那些"三分练七分吃"的玄学饮食指南——水煮鸡胸肉和西蓝花吃三天，看谁都是行走的西蓝花。

这时候就该让 DeepSeek 化身 24 小时在线的"健身教练"。比如输入"想减脂但每天只能抽出 20 分钟"，它会生成一份融合了高强度间歇训练（HIIT）和全身复合训练的 20 分钟训练计划："热身（2 分钟）：原地慢跑或高抬腿。HIIT（15 分钟）：30 秒波比跳、30 秒慢走，重复 10 次。拉伸（3 分钟）：放松肌肉，防止酸痛。"DeepSeek 就像个随身私教，既不用你预约时间，也不会向你推销课程。

2. 健身小白的防"坑"指南

遇到专业术语也不用慌。想知道"RM 值"是什么？直接问"用小学生能听懂的话解释 RM 值"，DeepSeek 会这样回答："RM 值，简单来说就是力气值，用来衡量一个人在做某个动作时最多能举起多大的重量。比如，你在举重时，RM 值越高，说明你能举起的重量越大，力气也就越大。"饮食计划同样能落地，说"要能在买菜软件上直接下单的健身食谱"，它绝不会推荐需要精确到毫克的奇怪食材，而是给出"高蛋白鸡胸肉沙拉、豆腐蔬菜汤"等对普通人友好的食材和做法。

3. 健身路上的"心理按摩师"

更妙的是，DeepSeek 还是个会心理按摩的教练。当你想偷懒时说"今天不想练了"，它不会机械地灌鸡汤，反而可能说："没关系！健身是一个长期的过程，偶尔休息一天并不会影响整体进展。身体需要恢复，尤其是当你感到疲惫或动力不足时，适当的休息反而有助于提升后续的训练效果。"要是连续三天打卡，还会收到激励语录：

☐ 坚持三天，你已经超越了很多人！

☐ 每一天的努力，都在为更好的自己铺路。

☐ 不要停下来，你离目标越来越近了！

4. 总结：健身从未如此"智能朋克"

DeepSeek 就像集健身房、营养师、物理治疗师于一身的综合体。它不关心你办了多少张卡，只在意你今天有没有比昨天多做一个俯卧撑。用科技对抗惰性，让专业指导变得触手可及，这才是属于数字时代的健身方式。

📖 试一试

在 DeepSeek 中输入"我身高 176cm，体重 63kg，想 5 个月健康减重，每天能运动 30 分钟，办公室久坐族，不要节食方案，生成具体月计划和周计划"。

📖 小贴士

1）拍照记录动作时，穿贴身运动服效果更佳。

2）饮食方案后加"附热量换算表"，懒人族也能轻松把控。

3）遇到专业名词随时追加"举个现实中的例子"。

4）生理期锻炼计划可备注"避开腹部发力动作"。

技巧 81　如何让 DeepSeek 帮你找到"命中注定"的那本书?

我们面对的书单比超市货架上的薯片口味还多,从时间管理到量子物理,从小说到哲学,选择困难症患者光是翻各种推荐书单就能耗费一整天。更可气的是,好不容易挑中一本书,读了两页发现要么全是鸡汤,要么专业术语多到像是在读外星文。为什么找到一本自己想看的书就这么难?

1. 问题的核心:你的需求 AI 真的懂吗?

问题的症结在于,大多数人的提问方式就像对着一家餐厅喊"我要好吃的",结果可能端上来一盘辣椒炒月饼。想要精准找到适合自己的书,关键在于让 DeepSeek 理解你的真实需求——不是"时间管理",而是"适合职场新人的实操技巧";不是"心理学经典",而是"能帮我缓解焦虑的通俗读物"。

2. 三招驯服书籍推荐"信息洪流"

（1）给需求加"定位器"

与其说"推荐科幻小说",不如试试"推荐近五年获奖的硬核科幻,不要爱情线,主角最好是科学家"。这就好比告诉朋友"我想吃辣但别太油"而不是"随便",推荐精准度直接翻倍。DeepSeek 的推荐逻辑像高精度雷达,你给的坐标越清晰,它越能锁定目标。

（2）用排除法省时间

在提问中直接排除雷区,比如"推荐给高中生看的哲学入门书,不要学术专著,拒绝康德、黑格尔这类作品难啃的作者"。这就如同网购时勾选"包邮""七天内发货"筛选条件,可以瞬间过滤掉 80% 无效信息。曾有人用这招成功找到一本用漫威英雄讲哲学原理的奇书,从此打开新世界的大门。

（3）动态调整"口味偏好"

如果推荐的书籍不合胃口,别客气,直接告诉 DeepSeek "这些太偏理论了,我要带具体案例的"或者"有没有更薄一点的?超过 300 页的暂时不看"。AI 的推荐系统像智能咖啡机:你反馈"太苦",它就加奶;你说"不够浓",

它立刻增压。有个读者通过 7 次对话调整，最终找到一本用菜市场经济学解释理财的神作。

3. 为什么这些方法管用

DeepSeek 的推荐算法本质上是"需求翻译器"。你说"想要提升沟通技巧的书"，它默认开启广撒网模式；但如果说"教吵架能赢又不伤人的沟通指南书籍"，它立刻切换到精准狙击模式。有测试表明，带具体场景的提问能让推荐匹配度提升 63%。比如，"适合在地铁上读的短篇悬疑小说"能够比"悬疑小说推荐"更精准地筛选出适合碎片化阅读的悬疑作品。

4. 总结：找书不是开盲盒

在信息爆炸的时代，掌握精准找书的能力等于给自己的大脑装上了导航系统。通过上面的三招明确需求、设置边界、及时反馈，能让 DeepSeek 从"随机书单生成器"进化成"私人阅读顾问"。记住，AI 再聪明也得靠你提供方向盘——你越会提问，它越懂怎么帮你避开烂书陷阱。

📖 试一试

在 DeepSeek 中输入"推荐给互联网从业者的商业思维书，不要教科书，要用故事讲道理的，类似《钢铁是怎样炼成的》那种风格"。

📖 小贴士

1）多用举例提需求："找一本像《悲惨世界》但背景设定在未来世界的书。"

2）善用否定词：用"不要""避开""排除"等否定词能大幅提高效率。

3）参考影视剧："类似《黑镜》风格的科技伦理讨论书。"

技巧 82 让 DeepSeek 化身节日祝福大师

每逢春节、中秋或者朋友生日，发祝福消息就像一场大型"文案考试"——网上模板千篇一律，自己写的又容易尴尬出天际。明明想表达真心，最后却成了

"群发消息专业户"，对方收到后可能连点开的兴趣都没有。这种"祝福内耗"的尴尬，简直比抢不到红包还让人心塞。

1. 模板化祝福的"方便面困境"

想象一下，你给领导发了中秋祝福"月圆人圆事事圆"，结果发现同事群里十个人里有八个用了同一句话，领导回复的表情包都带着敷衍。这种套用模板的祝福，就像节日祝福界的"方便面"——虽然快捷，但吃多了谁都会腻。更头疼的是，当你需要给不同关系的人发祝福时，还得像做阅读理解一样研究，比如"如何让发给二姨的祝福和发给初恋的不一样"。

2. 三招让 DeepSeek 榨出"有灵魂"的祝福

其实用 DeepSeek 写祝福就像用榨汁机——关键要看你怎么"投料"。以下是让 DeepSeek 产出走心祝福的秘诀。

（1）关键词触发法

别只说"写句生日祝福"，试试输入"幽默 + 程序员 +30 岁生日 + 带点中年危机梗的简短生日祝福"。DeepSeek 立刻会生成："恭喜你成功解锁'而立之年'成就！虽然发际线开始后移，但代码依旧飘逸。愿你往后余生，Bug 少一点，头发多一点，快乐多亿点！"这种组合关键词就像给 AI 的"调味包"，榨出的祝福汁多味浓。

（2）场景化描述法

与其笼统地说"写结婚祝福"，不如描述细节："朋友是马拉松跑者，新娘是图书管理员，他们是在图书馆相识的，请为他们写一则简短的结婚祝福。"DeepSeek 可能输出："从图书馆的静谧到马拉松的激情，你们的爱情故事就像一本精彩的小说，跌宕起伏，扣人心弦。今天，终于迎来了最幸福的结局！祝你们在人生的赛道上携手并肩，跑向幸福的终点！"具体场景就像给 DeepSeek 装了显微镜，能让祝福精准狙击感动点。

（3）角色代入法

在提问前加身份标签试试。输入"作为小学生给班主任写教师节祝福"，可能会得到："老师，您辛苦了！您就像辛勤的园丁，培育着我们这些小花苗。今天是您的节日，祝您教师节快乐，天天开心，永远年轻！"这种角色设定相当于给 AI 戴上了人格面具，它说出来的话自然更贴心。

3. 为什么你的祝福总差口气

很多人用 AI 写祝福结果翻车，往往是犯了"假大空"的毛病。比如输入"大气、有格调的新年祝福"，得到的多半是"一元复始，万象更新"之类的陈词滥调。但如果你说"给经常加班的设计师闺蜜写新年祝福，要既带有吐槽改稿又十分暖心的新年祝福"，DeepSeek 就能输出："新年愿望：甲方一次过稿！虽然我知道这比中彩票还难，但还是祝你新的一年少改稿，多赚钱，早日实现'设计自由'！"你看，有血有肉的祝福才是电子时代的"手写心意"。

4. 总结：祝福也要私人定制

在这个大家习惯于群发消息的时代，一条量身定制的祝福就像手作巧克力——虽然与其他巧克力一样也是甜的，但不同的用心程度尝得出来。用好关键词触发、场景化描述、角色代入这三招，相当于掌握了 AI 祝福的"提鲜术"。下次别再让祝福躺在收藏夹吃灰了，试试让 DeepSeek 帮你把套路化表达熬成走心小暖文。

📖 试一试

在 DeepSeek 中输入"给爱打游戏的男朋友写情人节祝福，要包含貂蝉皮肤和外卖梗，带点撒娇语气"，看看会得到什么意想不到的甜蜜暴击。

📖 小贴士

1）避免使用"高端""有文化""有创意"等抽象的词，换成"吐槽体""谐音梗""影视台词"等带有具体风格的词。

2）涉及长辈的祝福，可加入与健康相关的关键词，比如"少跳广场舞多休息"比"身体健康"更生动。

3）给商业伙伴的祝福，记得加行业暗号，比如对餐饮老板说"翻台率"比"财源广进"更显诚意。

技巧 83　如何让 DeepSeek 化身"花语翻译官",送出符合对方心意的鲜花?

1. 送花容易选花难

情人节要送玫瑰,母亲节得挑康乃馨,朋友开业必须红掌配满天星。但真到实际操作时,99% 的人都会对着花店价目表抓狂:"粉玫瑰和香槟玫瑰到底有什么区别?向日葵真的只能送给老师吗?"送出不应景的花可能会让人啼笑皆非,甚至会伤害感情。曾有人在情人节误把黄玫瑰当甜蜜礼物送出,结果被女友当场科普"黄玫瑰代表友情破裂"的冷知识。

这种场景就像带着 GPS 还会迷路的司机:明明有无数鲜花指南,但关键时刻总掉链子。更尴尬的是,当花店老板热情推荐"厄瓜多尔进口玫瑰配蓝色妖姬"时,你根本分不清这是真浪漫还是智商税。据统计,37% 的收花人收到过完全不符合心意的花束,而 52% 的送花者坦言"全靠价格盲选"。

2. "数字化花艺师"让你不再犯难

这时候就该请出 DeepSeek。只要掌握了提问方法,就能让它把复杂的鲜花密码翻译成大白话。比如直接抛出场景"要送刚入职场的女生生日花束,预算 300 元,她喜欢清新风格,有哪些搭配方案?",DeepSeek 会立刻给出搭配方案,如"白玫瑰(三四支)+绿色洋桔梗(三四支)+白色郁金香(两三支)+尤加利叶(适量)"的组合,并附上包装和特点建议,比花店老板还贴心。

进阶玩法是开启多轮对话优化方案。在得到初步建议后,可以继续追问:"这个搭配在办公室容易养护吗?有没有更特别的替代花材?"DeepSeek 会像经验丰富的花艺顾问,从养护难度到花语隐喻层层拆解。有用户实测,通过 5 轮对话就把红色礼盒优化成了用雾面灰纸包裹的莫兰迪色系花束,成功躲过"土味表白"的雷区。

最妙的是结合其他信息的综合应用。有位程序员在求婚前,先把女友的小红书收藏夹截图传给 DeepSeek,要求"分析她的审美偏好",再让 DeepSeek 对比本地三家花店的报价和评价,最后生成包含 11 朵卡布奇诺玫瑰、喷泉草和复古包装纸的定制方案。结果未婚妻看到花束时惊呼："这就是我梦里出现过的捧花！"

3. 总结：送花是门技术活，但不需要考园艺师证书

用好 DeepSeek 的花语解析、场景匹配和方案优化功能，就算分不清玫瑰和月季的职场男士，也能送出女同事都夸"好会啊"的满分花束。记住，鲜花是心意的实体化快递，而 DeepSeek 就是那个确保包裹不送错的智能分拣员。

📑 试一试

在 DeepSeek 中输入"想送暗恋对象告白花束，她喜欢 JK 制服和动漫，预算 200 元，请推荐 3 种方案并解释花语"。

📑 小贴士

1）描述越具体越好，比如"对方是插画师"比"文艺青年"更精准。

2）加上"避开常见雷区"的指令，DeepSeek 会自动过滤黄玫瑰等敏感花材。

3）善用"用表格对比"功能，快速理清不同方案的优缺点。

DeepSeek 在学习、成长与
求职中的使用技巧

技巧 84　思维纠偏器：找到你的逻辑漏洞，升维认知

你是否曾在思考问题时，感觉思路像一团乱麻，明明努力去梳理，却始终不得要领？又或者在做决策时，明明觉得自己考虑周全，结果却不尽如人意？这些可能都是因为你的系统思维存在逻辑漏洞。别担心，DeepSeek 就是你的思维纠偏利器，帮助你找到隐藏的逻辑漏洞，突破认知瓶颈，实现思维的升维。

1. 逻辑滤网：筛出推理中的杂质

你在进行推理时，往往会受到各种主观因素的影响，从而得出不准确的结论。比如，你根据"最近公司新来的几个年轻员工业绩不太好"，就推断"年轻员工工作能力普遍不行"。这是典型的以偏概全。DeepSeek 的"逻辑滤网"就能帮你发现这类问题。首先，它会分析你的推理过程，指出"几个年轻员工业绩不好"并不能代表所有年轻员工的工作能力，这种推理缺乏足够的数据支持。然后，它会建议你去收集更多关于不同年龄段员工业绩的数据，再进行分析。就像一个精准的筛子，它能把你推理过程中的主观偏见、草率结论等杂质筛出去，让你的推理更加严谨和准确。

2. 假设剖析仪：审视前提的合理性

在思考问题时，我们常常会基于一些假设来进行推理。但这些假设如果不合理，后续的推理就会像建在沙滩上的房子一样，根基不稳。比如，你打算推出一款新产品，假设"市场上对这类产品的需求会持续增长"，然后基于这个假设制订了一系列生产和营销计划。然而，这个假设并没有充分的依据。DeepSeek 的"假设剖析仪"会对这个假设进行深入分析。它会让你思考，市场需求受到如经济形势、技术发展、竞争对手的动态等诸多因素的影响。它可能会建议你去研究行业报告、分析市场趋势，以验证这个假设是否合理。通过剖析假设，你能避免因为错误的前提而导致决策失误。

3. 论证放大镜：强化观点的支撑力

当你提出一个观点时，需要有足够的论据来支持它。但有时候，你的论据可

能不够充分或者与观点的关联性不强。例如，你认为"公司应该加强员工培训，提高员工素质"，你的论据是"隔壁公司加强了员工培训，效益提升了"。但这只是一个单一的案例，不能有力地支持你的观点。DeepSeek 的"论证放大镜"会帮你放大这个论证过程，让你看到其中的不足。它会建议你收集更多公司加强员工培训后取得良好效果的数据，分析公司目前员工的技能短板，以及培训如何有针对性地解决这些问题。通过这样的方式，让你的论证更加有力，观点更具说服力。

4. 因果辨析器：理清因果关系的脉络

在日常生活和工作中，我们常常会混淆因果关系，误把相关关系当成因果关系。比如，你发现"公司最近一段时间销售额下降，同时员工士气也很低落"，就认为"员工士气低落导致了销售额下降"。然而，销售额下降可能是由多种因素引起的，如市场竞争加剧、产品质量问题、营销策略不当等，员工士气低落可能只是其中一个相关因素，而不一定是直接的唯一原因。DeepSeek 的"因果辨析器"会帮你理清这层关系，引导你去分析更多的数据和信息，寻找真正导致销售额下降的原因。通过准确地辨析因果关系，你能做出更科学的决策。

5. 总结

善用 DeepSeek，它就会像一位专业的思维导师，帮助你发现并修正思维中的逻辑漏洞。有了它，你可以更加清晰、准确地思考问题，突破认知瓶颈，实现思维的升级。无论是在个人成长、职业发展还是日常决策中，它都能成为你强大的助力。

📖 试一试

用 DeepSeek 辅助你复盘过去在你工作中出现过的问题，分析你的思考底层逻辑漏洞并让 DeepSeek 给出纠偏建议。

📖 小贴士

思维纠偏三法

1）滤清推理法：在得出结论前，让 DeepSeek 审视推理过程，剔除主观偏见和草率结论。例如，当你根据少数案例得出普遍性结论时，让它帮忙分析是否有足够的数据支持。

2）剖析假设法：提出假设后，利用 DeepSeek 对其合理性进行评估。比如在制订计划时，对关键假设进行深入分析，参考 DeepSeek 的建议验证假设。

3）理清因果法：遇到因果关系复杂的情况，借助 DeepSeek 理清真正的因果脉络。避免把相关关系误当成因果关系，从而做出更准确的判断。

技巧 85　职场人的学习"军师"：用 DeepSeek 定制个性化学习计划

在数字化转型浪潮中，职场人的核心竞争力正从经验积累转向敏捷学习。让 DeepSeek 成为你的个性化学习"军师"，如同一名 24 小时在线的职业教练，通过 AI 算法与行业大数据融合，为你构建动态成长体系，让能力提升从大水漫灌走向精准滴灌。

1. 精准定位能力缺口

基于用户上传的简历、工作文档及岗位目标，DeepSeek 能自动构建三维能力图谱。例如，它会识别用户的数据分析工具使用率不足、行业政策敏感度较弱等盲区，并交叉比对行业顶尖人才的能力模型，生成带优先级排序的提升清单。更智能的是，输入企业职业发展相关资料，它还能解析企业内部的晋升通道要求，将抽象的领导力培养拆解为冲突解决、资源协调等可落地的子任务。

2. 获取学习资源指南

DeepSeek 作为智能助手，能够高效整合各类学习资源，帮助用户快速获取所需资料。通过 DeepSeek，可以了解全球顶尖在线学习平台的课程、专业书籍、学术论文以及行业报告。只需输入学习目标或关键词，DeepSeek 便能推荐适合的学习路径，提供最新行业动态，甚至筛选出高质量的免费资源。无论是编程、数据分析还是项目管理，DeepSeek 都能为你量身定制学习方案，助力职业提升。

3. 持续改进学习效果

DeepSeek 可以帮助制订科学的职业学习效果评估方案。通过分析学习目标、课程完成情况以及实践应用成果，它能够生成个性化的评估报告，量化技能提升进度。它还能结合行业标准和岗位需求提供有针对性的建议，帮助调整学习重点。此外，它支持定期追踪学习效果，通过数据可视化展示进步趋势，确保职业学习始终高效且目标明确。

4. 总结

通过将碎片化学习转化为结构化成长，DeepSeek 制订的个性化学习计划正在重塑职场进化模式。它不仅是知识管家，更是职业发展中的"第二大脑"，让每个职场人都能在 AI 赋能下，实现从被动适应到主动进化的跨越。

📖 试一试

用 DeepSeek 为自己制订一个基于工作需求的职业学习提升计划。

📖 小贴士

1）初期使用要重视信息上传：在使用 DeepSeek 个性化学习计划功能的初期，要尽可能详细地上传简历、工作文档，并明确岗位目标。详细精准的信息能让它更准确地构建三维能力图谱，从而更精准地为你找出能力缺口，制定的提升清单也会更贴合你的实际需求。

2）合理利用动态追踪机制：紧跟"学习—实践—反馈"的闭环机制，认真对待每一次实践任务和反馈结果。

3）持续与系统交互提效：定期与生成的能力图谱和提升计划进行交互，反思自己的学习和实践成果，根据实际情况与系统给出的建议做出适当的调整。

技巧 86　考试小助手：巧用 DeepSeek 洞悉出题逻辑

你是否每次考试前都倍感焦虑，望着海量的复习资料却不知重点何在？看到历年考试题目，仿佛陷入迷宫，找不到出题人的思路与方向，只能盲目地进行题海战术，搞得自己身心俱疲。别担心，从现在起，让 DeepSeek 成为你的秘密考试武器，帮助你反推历年考试题目的出题逻辑，从而掌握先机，在考场上势如破竹。

1. 把 DeepSeek 当作考试规律挖掘机：剖析考点分布规律

历年考试就像一片广袤的知识森林，而考点则是其中隐藏的珍贵宝藏。DeepSeek 凭借强大的数据分析能力，能成为你的"规律挖掘机"。例如，在准备一场专业技能考试时，你可以将历年真题输入 DeepSeek。它会智能分析每一个知识点在各年份考试中出现的频率、分值占比等。假如它发现"经济模型的应用"这个知识点在过去五年中有四年都被作为重点考查内容，且分值呈逐年上升趋势，那么这无疑是一个关键的考点提示，你在复习中就可以着重对这部分内容进行深度钻研。

2. 把 DeepSeek 当作考试难度预测师：判断题目难易梯度

考卷如同一场精心编排的乐章，上面有节奏地分布着不同难度的题目。DeepSeek 可以充当你的"考试难度预测师"，它通过对历年真题的深度研究，能够识别出考试题目难度的设置规律。比如在数学考试中，它会分析出每年基础题、中等题、难题的比例和考查方式。当你面对即将到来的考试时，DeepSeek 就能根据以往的规律大致预测出这次考试中不同难度题目的分布情况，让你合理分配考试时间和精力。如果你知道难题可能集中在最后两道大题，就可以先确保基础题和中等题的得分率，再去挑战难题。

3. 把 DeepSeek 当作考试出题风格捕捉器：适应不同出题模式

不同的考试组织者和命题人都有自己独特的出题风格，有的喜欢直白地考查知识点，有的则喜欢通过复杂的案例来间接考查。DeepSeek 就是你的"考试出题风格捕捉器"。以案例选择题为例，DeepSeek 能分析出命题人喜欢选择的案例类型，是社会热点事件、历史故事还是企业管理案例等。同时，它还能研究出题人的提问方式，是更侧重于考查知识的理解运用还是细节记忆。比如，DeepSeek 发现在法律考试中经常以真实的法律纠纷案例来考查考生对法条的灵活运用，你就可以有针对性地进行复习，多做一些案例分析的练习。

4. 把 DeepSeek 当作命题趋势洞察眼：紧跟知识更新方向

随着时代的发展和知识的不断更新，考试的命题趋势也在悄然变化。DeepSeek 拥有敏锐的"命题趋势洞察眼"，能结合当前的学术热点、行业动态和社会需求分析出考试内容的更新方向。例如在信息技术类考试中，随着人工智能和大数据技术的飞速发展，DeepSeek 会提示你这些新兴技术领域的知识很可能会成为未来考试的新增考点。这样你就可以提前关注相关内容，扩充自己的知识储备。

5. 总结

DeepSeek 就是你备考路上的超级"军师"，它凭借先进的技术和强大的分析能力，帮助你深入挖掘历年考试题目背后的出题逻辑。通过剖析考点分布、预测题目难度、捕捉出题风格和洞察命题趋势，你可以做到心中有数，有的放矢地进行复习，从此告别盲目备考的日子，以最佳的状态迎接每一场考试。

📖 试一试

挑选一个职业考试内容，反推具体学科历年真题的考试逻辑。

📖 小贴士

巧用 DeepSeek 三招

1）考点聚焦：将历年真题输入 DeepSeek，得出高频考点，并重点复习相关知识模块。

2）难度预估：参考 DeepSeek 对题目难度的分析制定合理的答题策略，先易后难，确保得分最大化。

3）趋势追踪：关注 DeepSeek 给出的命题趋势提示，及时更新自己的知识体系，以应对考试的变化。

技巧 87　把计划"焊死"在执行轨道上的 DeepSeek 监控术

当代职场人三大幻觉：下周能早下班，同事看得懂需求，计划能顺利执行。尤其是最后这条——多少精心策划的方案，启动时锣鼓喧天，两周后查无此事，最后在季度总结里沦为"已完成 80%"的"幽灵"项目。

1. 当计划总在周五流产

行政主管 Linda 为团队制订了读书计划，幻想三个月后全员变身知识型精英。现实却是：第一周有人忘买书，第二周有人看错章节，第三周分享会变成吐槽大会。这种"开头雄心壮志，中期全员摆烂，结尾假装完成"的剧情每天都在各个会议室循环上演。

为什么你的计划总会夭折？问题出在多数计划只有出发指令，没有导航系统。就像让新手司机开车去陌生城市，只给目的地不配导航一样，前五分钟还在高速飞驰，半小时后已经迷失在县道，最终油量耗尽停在某条不知名的路上。给计划装上"行车记录仪"，用 DeepSeek 玩转 PDCA（计划—执行—检查—行动）循环监控术，让每个计划自带纠偏系统。

2. 外挂级计划监控三板斧

（1）把 PDCA 塞进提示词

别再让 AI 当复读机，要让它变身项目监理。

☐ 错误示范："制订部门读书计划。"

☐ 正确做法："创建 6 周专业图书共读方案，包含每周进度追踪表、理解度自测题、每两周反馈优化节点。"

操作手册：

☐ 计划阶段植入监控基因："在市场营销书单中加入每周案例匹配度分析。"

☐ 执行阶段设置检查哨："当完成率低于 60% 时自动触发备选书单。"

☐ 给 AI 装上进度警报器："每周五 17：00 生成进度可视化图表，高亮延迟任务。"

（2）关键指标仪表盘

别让 KPI 活在报表里，要让数据自己会说话。

☐ 青铜版监控："统计读书打卡率。"

❑ 王者版监控："追踪章节重点转化率：把书里的方法论拆解成 3 个可落地的业务动作。"

数据埋点技巧：

❑ 过程指标：页眉批注密度、案例改写完整度。

❑ 效果指标：周会发言引用次数、方案迭代相关性。

❑ 预警指标：连续 3 天无批注自动触发"书友救援"。

（3）让复盘会自己开

告别形式主义总结，AI 帮你挖出真正的问题"金矿"。

❑ 传统复盘："大家说说读后感。"

❑ 智能复盘："对比 6 周数据，找出理解度提升但应用度停滞的症结，生成 3 条实战训练方案。"

让 AI 当会议书记，自动生成计划与执行情况对照表，如"列出计划预期与实际达成的反差 TOP3"；制造良性压力，如"把小李的思维导图匿名发给小王学习借鉴"；让改进方案自带甘特图，如"下阶段计划需包含每日 15 分钟的知识反刍时段"。

3. 效果对比

❑ 传统模式：6 周读书计划 ≈ 第 1 周全勤 → 第 3 周缺勤 → 第 6 周编读后感。

❑ AI 监控模式：

第 1 周：智能书单匹配个人短板。

第 3 周：自动触发"案例实操工作坊"。

第 6 周：生成个人知识迁移图谱。

效果对比如下：

❑ 原本需要 8 小时开会 +5 小时做 PPT+3 小时催进度。

❑ 现在只需 1 小时设置监控规则 +0.5 小时查看预警简报 +2 杯咖啡时间进行深度工作。

4. 总结

职场高手都在把自己从执行者变成"计划导演"。用 AI 监控不是当监工，而是给团队装上自动驾驶系统——既能及时修正方向，又不影响老司机们秀车技。

📑 试一试

现在，对 DeepSeek 输入"创建新媒体运营提升计划，需包含每周爆款文章拆解指标、标题 A/B 测试对照、流量下滑自动复盘机制"，看看它的回答会不会让新媒体运营编辑倍感压力。

📑 小贴士

当监控系统报警时：

1）追溯数据断点："调出小王最后三次批注的时间线。"

2）启动 B 计划："当完成率连续下跌时，自动切换有声书模式。"

3）制造惊喜感："对进度领先者解锁'老板请咖啡'彩蛋。"

技巧 88 职业规划防坑手册：如何用 DeepSeek 避开失业雷区？

现代职场就像在雾天开高速路——前有 35 岁危机收费站，后有 AI 替代的追兵，中间还时不时冒出"跨界转型""副业刚需"的岔路口。某招聘平台数据显示，87% 的职场人存在职业迷茫，平均每人每天要处理 23 条职业相关信息。这时候打开求职网站，扑面而来的"垂直领域深耕""T 型人才矩阵"等术语，让你本就超载的大脑又沉重了几分。

1. 职业规划的"三座大山"

想象你站在自助餐厅，面前摆着 200 道菜，每道菜都被贴上"分子料理""低温慢煮"之类的标签。这也是当代职场人面对的真实困境：知道要规划，但不知道从哪里着手。某互联网公司产品经理小莫的经历很典型：想转型做 AI 产品，却对"技术中台""大模型微调"等术语望而却步；想评估晋升的可能性，却被各种职业测评的雷达图绕晕；好不容易做了规划，三个月后行业风向突变，计划表直接变废纸。

2.让 DeepSeek 成为你的职业"拆弹"专家

这时候不妨试试 DeepSeek 的职业规划三板斧：目标拆解术、信息整合术和动态调整术。

（1）职业目标模糊？试试目标拆解术

职业规划可以拆成可操作的步骤。比如想三年内成为 AI 产品专家，可以直接让 DeepSeek "把 AI 产品专家的成长路径切成 6 个半年计划"，你会得到类似游戏任务清单的指引："第 0～6 个月，建立 AI 技术认知和产品管理基础；第 7～12 个月，参与 AI 产品化实战；第 13～18 个月，学习设计某 AI 功能的商业化方案……每个阶段都有具体的学习目标、学习重点、行动和输出成果。"

（2）信息过载？试试信息整合术

面对铺天盖地的行业报告、岗位 JD，可以这样提问："用小学生能听懂的话，解释 AIGC 对内容运营岗位的影响。" DeepSeek 会帮你把零散信息拼成完整图景："AIGC 就像是会魔法的机器人，会变出好多画和故事，能帮大家改错字，还能想出 100 个点子。用 AIGC 可以帮忙做简单重复的事，但内容运营要负责创意、检查和加感情。"这种整合功能特别适合快速了解新领域，避免在专业术语的迷宫里转圈。

（3）动态调整的"职业橡皮筋"规划赶不上变化？试试动态调整术

"如果短视频行业遇冷，我现在学的编导技能可以往哪些方向迁移？" DeepSeek 会像经验丰富的职业教练，给出技能树分叉图："传统影视与广告制作、新媒体与跨平台内容运营、教育与培训行业、文化创意与 IP 孵化……"甚至提醒你"补充 AI 辅助创作、Python 编程等技术能力"。这种动态调整就像给职业道路装上弹簧，既能保持方向，又能缓冲冲击。

以教培行业转型者为例，用"三明治提问法"破局。先喂背景："我有 8 年雅思教学经验，现在想转行。"再提需求："帮我找 5 个能用上教学技能的朝阳行业。"最后加限制："排除需要重新考证的选项。"DeepSeek 给出了"教育科技（EdTech）产品设计与用户培训、企业国际化培训与跨文化沟通顾问、知识付费与 IP 化内容创作、国际教育规划与留学背景提升服务"等选项，配合技能迁移点、不同方向的优势等，给出转型建议。

3. 总结

规划不是算命，而是动态导航；职业规划不是一次性许愿，而是持续校准的 GPS。通过 DeepSeek 的"目标拆解 + 信息整合 + 动态调整"组合拳，相当于获得了 24 小时在线的职业顾问。记住，好规划不是严丝合缝的图纸，而是能跟着市场波动跳舞的智能指南针。

📑 试一试

在 DeepSeek 中输入"我现在从事 ×× 岗位，想往 ×× 方向发展，帮我进行职业规划并将其拆解成三个成长阶段，用比喻说明每个阶段的重点"。

📑 小贴士

遇到行业黑话时，试试"用小学生能听懂的话解释 ×× 概念"；规划遇阻时，可以问"我的 ×× 能力相当于哪种交通工具？要升级到高铁水平需要加装什么部件？"

技巧 89　用科技让你在学术苦旅中不必总做孤勇者

凌晨 3 点的图书馆里，咖啡杯堆成防御工事，文献 PDF 铺满 3 个屏幕，当前的很多学术研究者堪称数字时代的西西弗斯。他们右手复制粘贴，左手褪黑素，用中世纪的方式应对 21 世纪的挑战。当导师批注满文档、查重系统一片红、文献综述写到第 20 页还没进入正题时，研究者们仿佛在用汤勺挖穿喜马拉雅山，而那些本可改变世界的想法，却在信息洪流的冲击下胎死腹中。在这样的困境中，如何精准捕获关键文献？怎样突破非母语写作的"中式学术腔"？创新点枯竭时又该如何寻找思维火花？驾驭 DeepSeek 这把瑞士军刀，就能在学术丛林中杀出重围。

1. 技能一：文献迷宫的 GPS 导航术

当 300 篇文献在桌面上跳集体舞时，研究者们常常陷入无尽的混乱。但有了 DeepSeek，一切变得简单。将研究方向如"机器学习在糖尿病预测中的应用"输入 DeepSeek，它会帮你找到空白研究区：

1）小样本学习：罕见糖尿病亚型预测（当前模型需要超过 5000 个样本）。

2）动态预测系统：实时血糖数据流处理框架缺失。

3）因果干预推演：现有模型仅实现风险预测，无法推演干预路径。

4）设备边缘计算：嵌入式系统部署的模型轻量化方案。

5）社会决定因素整合：医疗数据与社会经济数据的跨域融合。

就像在高德地图中输入目的地可以快速得到到达路线一样，DeepSeek 能在 15 分钟内规划出最优文献游览路线。与其在文献的海洋里盲目航行，不如用 DeepSeek 的 GPS 导航，找到最短的航线。

2. 技能二：学术语言的自动翻译器

非母语写作一直是研究者的噩梦，而 DeepSeek 可以轻松解决这一难题。只需将论文片段发给 DeepSeek，并附上魔法指令"请用 *Nature* 子刊风格改写，强调创新性，隐藏局限性"，同时附上目标期刊的投稿指南和几篇范文，要求生成三个版本备选，它就能完美模仿 *Nature* 子刊的行文风格。别再让"中式英语学术体"成为审稿人的噩梦，用 DeepSeek 为你的论文披上华丽的外衣。

3. 技能三：创新思维的脑暴触发器

当实验卡壳、灵感枯竭时，DeepSeek 可以成为你的救星。输入研究瓶颈，比如"如何突破现有脑机接口的带宽限制，要求进行跨学科联想，比如材料学 × 神经科学 × 量子计算，然后生成 10 个非常规的方案"。AI 的脑洞大得惊人，研究者需要做的，就是在 10 个离谱想法里捞出那个最为绝妙的创意。与其在创新的泥潭里挣扎，不如让 DeepSeek 为你打开思维的闸门。

4. 技能四：精准输出的喂饭级指令

别再用"帮我写论文"这种无效指令，高手都在用"三明治提问法"。首先进行顶层设计，比如："我需要设计关于自动驾驶伦理的实证研究框架。"接着明确关键参数："包含道德困境量化、跨文化比较、政策建议三个模块。"最后提出格式要求："用 SWOT 分析呈现，附带参考文献格式示例。"记住，给 AI 的指令要像米其林菜谱般精确，它才能端出你想要的法式大餐。

5. 总结：AI 赋能，重塑学术自由

在学术苦旅中不必总做孤勇者，善用 AI 工具，你就像随身携带了霍格沃茨图书馆。当你能用 30 分钟完成过去 30 天的工作量时就会明白，真正的学术自由是把自己从重复劳动中解放，去攀登人类认知的真正高峰。毕竟，我们的征途是星辰大海，不该被困在查重率和语法错误的泥潭里。

📑 试一试

在 DeepSeek 中输入"设计关于太空垃圾清理的跨学科研究框架，包含工程学、国际法、商业模型三个维度，附 2022 年后高质量参考文献，用思维导图的形式呈现"。

📑 小贴士

1）用影视剧提需求更高效：请用电影《星际穿越》的叙事风格改写论文的引言部分。

2）反向指令有奇效：列举 5 个本领域最愚蠢的研究方向，我要避开这些陷阱。

技巧 90　学术求生指南：如何用 DeepSeek 从文献"苦力"变身研究"超人"？

1. 科研人的生存现状

凌晨两点实验室的日光灯下，你左手比着 Excel 表格，右手攥着咖啡杯，屏幕上是第 18 版论文修改批注：导师说"讨论部分不够深入"，审稿人吐槽"文献综述像维基百科"。更不妙的是，隔壁组刚在顶刊发了相似课题。在学术

圈的激烈竞争中，有人靠吃苦，有人靠天赋，而聪明人已经开始用 DeepSeek 当"学术外挂"。

2. 传统科研三大痛

1）文献炼狱：读 100 篇文献发现 80 篇是灌水，剩下 20 篇根本看不懂。

2）数据黑洞：处理 3GB 实验数据时，Excel 突然崩溃并吞掉最后两小时的成果。

3）写作鬼打墙：把"本文创新点"改到第 15 版时，突然忘记自己到底在研究什么。

是否存在一种方法，既能不用每天泡在实验室，又能让论文产出速度追平 ChatGPT 发帖速度？

3. 四招解锁"学术外挂"

（1）文献猎人的精准射击

别再当人工文献过滤器，试试这些神奇的操作：

1）暴力拆解术："用初中生能懂的话解释这篇 *Nature* 论文的方法部分。"

2）精准狙击术："找近三年顶刊论文，对比 5 种算法在胰腺癌检测中的表现。"

3）防坑预警术："标记这篇文献的结论是否被后续研究推翻。"

应用示例：输入"检索 10 篇深度随机森林论文，对比优缺点"，DeepSeek 会输出对比表格，注明文献的研究方向、技术优势以及共性局限等。

（2）让数据自己讲故事

1）丢数据给 AI："清洗这组碳排放数据，用箱线图展示差异，标红 $p<0.05$ 的指标。"

2）追加指令："把结果写成 200 字讨论，要谦虚中带点小骄傲。"

3）彩蛋功能：深夜处理时可能触发"这个异常值像情人节心跳曲线"的浪漫解读。

实测效果：原本需要通宵进行数据清洗与分析工作，现在喝杯咖啡就能拿到带批注的图表。

（3）论文流水线生产模板

1）框架生成器：输入"生成绿色低碳节能论文框架，要能塞进我们那组不太显著的数据"，输出带有塞数据技巧、示例句式、应对审稿人 / 导师质疑的预判建议等内容的详细提纲。

2）拒信翻译官：输入审稿意见"缺乏理论深度"，输出可能存在的问题和修改方向建议。

应用示例：输入"把实验结论包装得有吸引力但别太浮夸"，获得理论关联、方法论提升、实用价值延伸等具体策略和示例。

（4）课题组轻松协作法

1）进度生成术："生成本周组会 PPT，重点突出工作量，模糊未完成项。"

2）防尬翻译机：把重点内容如"实验结果表明"部分翻译成英文，避开中式英语黑名单词汇。

3）预言家模式："预测导师看完论文会问的 5 个问题及标准答案。"

应用示例：当同门还在调参考文献格式时，你已用 DeepSeek 生成三版备选段落，并准备好了应对提问的"标准答案 + 卖萌表情包"组合。

4. 总结：科研人的赛博进化论

真正的高手早已悟透：与其做实验室永动机，不如当 AI 指挥官。当隔壁组手工标注数据时，你正用 DeepSeek 生成的十种话术优雅反驳审稿人；当同门为文献综述挠头时，你已喝着咖啡检查 AI 标注的引用雷区。记住，21 世纪的科研法则不是拼体力，而是看谁会下指令。

📖 试一试

1）萌新任务："用表情包解释我的研究课题。"

2）进阶挑战："把审稿意见翻译成通俗易懂的建议。"

3）终极操作："生成能让导师眼前一亮的进展报告。"

📖 小贴士

1）文献防坑：输入"标记这篇论文是否被撤稿过"，避开学术地雷。

2）写作心机：加"请用 *Science* 期刊常用句式"，让投稿命中率提升 20%。

3）摸鱼正义：用"自动生成本月工作汇总"，省下时间刷剧看漫画。

4）深夜福利：凌晨两点处理数据，可能触发"散点图像星座图"彩蛋。

技巧 91　如何用 DeepSeek 打造"发光"简历，让 HR 追着你跑？

在求职战场上，简历的待遇就和外卖平台上的店铺主页一样，HR 平均 6 秒扫完一份简历，比看奶茶配料表的速度还快。明明有三年工作经验，却总收到"不合适"的系统回复；明明参与过重大项目，却写得像超市购物清单般平淡。更气人的是，有些岗位要求写着"抗压能力强"，你憋了半天只能写出"能接受加班"，活生生把优势描述成了劳动仲裁预告。

1. 糟糕的简历会让你与机会失之交臂

某互联网公司 HR 透露，他们用 AI 筛选简历时，有个候选人把"参与双十一活动"写成"在电商节期间积极工作"，系统直接判定"缺乏大促经验"。这种明明能力匹配却因为表述不当而被系统直接筛掉的情况着实让人心塞。甚至，有人把"独立负责项目"写成"帮领导打杂"，硬生生把巨大优势变成了劣势。

2. 让 DeepSeek 当你的"简历整形师"

其实只要掌握三个魔法咒语，就能让平平无奇的简历变身"求职磁铁"。

（1）关键词炼金术

将岗位 JD（职位描述）发给 DeepSeek 并让它"提取这个岗位的核心能力关键词"，它会像美食博主解析网红餐厅配方般，拆解出用户增长、数据分析、跨部门协同等硬核要素。接着命令它"把我的这段工作经历用刚才的关键词重新包装"，就像给方便面加上了米其林摆盘。

（2）成就翻译器

别说"负责公众号运营"，要问 DeepSeek："如何量化新媒体运营成果？"

它会教你写出"单月策划 3 个爆款专题，带动粉丝增长 150%，打开率提升至行业平均值的 2 倍"。这就像外卖商家把"好吃"改成"月售 9999+"，说服力直接拉满。

（3）岗位变形咒

投递不同岗位时，让 DeepSeek 改写简历，比如"帮我把这段产品经理经历调整成适合用户运营岗位的表述"。它会像乐高大师般，把你"设计产品功能"的经历重组为"深度洞察用户需求，通过功能迭代将 30% 用户留存率提升"。这相当于用同一块牛排分别做成了西冷牛排和牛肉汉堡。

3. 实战案例：从"路人甲"到"面霸"的蜕变

某转行求职者的原始简历中有这样一条："负责公司日常行政工作"。DeepSeek 优化后输出："优化办公物资采购流程，通过比价系统和供应商管理，年度节约成本 18%；主导实施电子档案系统，查询效率提升 70%"。这种转变好比把"会做饭"升级成"精通分子料理"，让他瞬间从后勤人员变身效率专家。

4. 总结：简历不是生平记录，而是广告文案

在这个 AI 初筛的时代，写简历就像制作短视频——前 3 秒决定生死。用 DeepSeek 做你的"求职军师"，不仅能避开机器筛选的雷区，还能把你的经历包装成让人无法拒绝的"超值套餐"。记住，HR 找的不是最优秀的人，而是最合适的人，而你的任务就是让简历成为"量身定制"的完美选项。

📋 试一试

在 DeepSeek 中输入"帮我把'负责客户对接工作'改成体现沟通能力、问题解决能力的量化表述"。

📋 小贴士

1）投递前用 DeepSeek 检查"岗位黑话"匹配度："这句'推进项目落地'符合互联网行业的表达习惯吗？"

2）让 AI 扮演 HR 挑刺："从招聘经理角度，找出我简历中三个可能被质疑的点。"

3）重要提醒：优化 ≠ 造假，就像美颜相机可以磨皮但不能换头。

10

DeepSeek 的本地部署

技巧 92　普通人是否需要本地部署 DeepSeek ？

如今，AI 已经渗透到我们生活的方方面面，成为日常工作中不可或缺的帮手。像 DeepSeek 这样的 AI 工具，凭借其强大的功能，为人们提供了诸多便利。然而，随之而来的一个问题是：普通人是否真的需要在自己的设备上本地安装并运行这类 AI 模型？ 在做出决定之前，不妨先仔细权衡一下，这是否真的适合自己。

1. 本地部署：真的有必要吗

本地运行 AI 模型听起来似乎很高端，仿佛拥有了一个专属的高级工具，既专业又灵活。但实际上，对于大多数人来说，使用 AI 的场景其实非常简单，比如：在学习新语言时，向它咨询"如何快速掌握一门外语"；在装修房屋时，询问"哪种风格更适合小户型"；或者在准备面试时，让它帮忙"模拟一场常见的职场问答"。这些需求，完全可以通过在线服务轻松实现，根本无须本地安装。

2. 本地部署的门槛：技术与成本

本地运行 AI 模型并非易事。首先，你需要具备一定的技术基础，至少要熟悉一些基本的编程操作。其次，你的设备性能必须足够强大，显卡至少要达到 NVIDIA GeForce RTX 3090 级别，否则运行起来就像让一辆老式拖拉机去跑高速，根本无法胜任。最后，别忘了，这还是一项成本高昂的选择。每月花费 2000 多元租用服务器，这可是一笔不小的开销。

3. 真相：简单方式也能达到目的

说到底，本地运行 AI 模型就像购买豪华跑车，虽然看起来很酷，但对于大多数人来说那并非必需的，骑自行车也能到达目的地。对于普通用户而言，选择一个稳定、易用的在线 AI 服务就完全足够了。毕竟，我们的需求并没有复杂到需要豪华跑车那样的程度。

4. 什么情况下需要本地运行

当然，如果你是 DeepSeek 的深度用户，每天都在用它处理一些高度敏感的信息，比如"如何优化公司的核心算法"，或者你需要对一些关键数据进行本地加密处理，那么本地运行可能是一个值得考虑的选择。但到了那个时候，你也不会为这个问题纠结了，因为你已经清楚自己的需求，也明白这笔投入的价值。

5. 总结

对于普通人来说，本地运行模型并非必需品，它更像是奢侈品，只有在特定需求下才值得投入。在大多数情况下，选择一个稳定、易用的在线 AI 服务，完全可以满足我们的日常需求。所以，在决定是否投入之前，不妨先问问自己："我真的需要这辆'豪华跑车'吗？"如果答案是否定的，那就安心选择更经济实惠的方式吧，目的地的风景依然美好。

技巧 93　全方位掌握 DeepSeek 本地部署：安全与合规的两大优势

当我们在餐厅用手机扫码点餐时，是否想过那些被收集的个人信息最终存放在哪里？当我们把病历上传到智能诊疗系统时，这些敏感数据是否会被第三方随意使用？这些问题都指向一个关键命题：数据主权与隐私合规就像数字时代的"房产证"和"保险箱"。

1. 你的数据到底是谁的

想象这样一个场景：你把私人日记本存放在邻居家的保险柜里。虽然邻居承诺绝对安全，但每次翻阅日记本都需要经过对方同意，甚至日记本可能因为邻居搬家而丢失——这就是云端部署的潜在风险。本地部署 DeepSeek 有以下几个优势：

1）数据主权归属清晰：就像把日记本锁进自家保险柜，所有训练数据、用户交互记录都存储在企业自建服务器。

2）物理隔离防护：建立专属的"数据隔离区"，杜绝第三方平台"串门查看"的可能性。

3）生命周期可控：从数据生成、存储到销毁，全程自主掌控时间节点。

2. 合规要求的"红绿灯法则"

不同行业的数据合规要求就像城市交通信号：

1）金融业（红绿灯密集区）：需符合《个人金融信息保护技术规范》，交易数据必须境内存储。

2）医疗行业（特殊车辆通道）：遵循 HIPAA 标准，患者病历如同救护车，享有专属通行权限。

3）跨国企业（跨境高速公路）：一些国家和地区规定公民数据不得"出国旅行"，本地部署就是最好的"边境检查站"。

3. 隐私保护的"洋葱模型"

本地部署通过层层防护打造隐私保护体系：

1）身份脱敏层：像给数据戴上面具，用户信息进系统前自动"变装"。

2）加密传输层：建立专属的"防窃听通道"，数据流动全程加密。

3）访问控制层：设置智能门禁系统，不同人员获得差异化的"数据参观权限"。

4）审计追踪层：安装全天候监控，任何数据调取都会留下"数字脚印"。

4. 总结：数据主权是数字时代的产权证明

企业把数据主权握在手心，就相当于获得了数字世界的产权契约：既能在合规赛道安全驰骋，又能让用户安心交出"数据钥匙"。毕竟，没有人愿意自己的病历变成别人的算法饲料，也没有人想看到外卖订单数据在被打折促销。掌握数据主权，才能带来智能时代的终极安全感。

📑 试一试

想象您是一家医院的 CIO，如何向院长解释"为什么 AI 诊断系统必须本地部署"？试着用"数据保险箱"的比喻来说服他。

📑 小贴士

4 步打造合规"金钟罩"，下次检查 AI 系统时，记得带上这份"体检清单"。

1）家门上锁：确认数据都存放在自家"房间"（境内服务器）。

2）借条明细：查看用户授权书是否写明"不许转借"（禁止二次使用条款）。

3）行车记录仪：保证系统日志至少留存半年"监控录像"（180 天存储）。

4）紧急制动：测试能否瞬间冻结数据外流（一键冻结功能）。

技巧 94　全攻略解锁 DeepSeek 本地部署：性能、稳定性与效益的平衡艺术

在企业级应用中，AI 融入核心业务已成为趋势，但性能和稳定性问题却可能成为企业发展的绊脚石。在关键时刻出现系统卡顿、数据中断等问题，是企业最担忧的情况。而本地部署如同企业的专属解决方案，能有效保障性能与稳定性，为企业带来显著效益。

1. 性能保障：业务加速的引擎

速度就是竞争力，时间就是金钱。当企业依靠 DeepSeek 进行实时分析或监控时，哪怕毫秒级的延迟都可能引发巨大的经济损失。DeepSeek 本地部署将计算引擎置于企业内部，省去数据在云端与企业间传输的时间，使响应速度大幅提升。金融公司能借此更迅速地捕捉股市动态，工厂能及时察觉生产线异常，从而抢占市场先机或者及时控制风险。

业务高峰时期，如电商的双十一促销，客服 AI 会面临大量咨询请求。公有云服务在高并发时可能崩溃，就像春运购票网站一样不堪重负。本地部署则为企业开辟 VIP 通道，通过定制硬件和资源隔离技术，确保关键业务优先处理，避免卡顿。

2. 稳定性保障：业务稳定的屏障

在对稳定性要求极高的场景中，如医院急救室的 AI 辅助诊断系统，依赖云端服务，一旦网络故障后果严重。本地部署采用多级冗余架构，包括主服务器、备用节点和本地缓存，遭遇硬件故障或网络中断时，能在毫秒内无缝切

换，确保业务连续。

云端模型自动更新存在不确定性，本地部署让企业可严格控制模型更新，先在小范围"沙盒"环境测试，稳定后再全量部署，避免更新引发的风险。

特定时期企业数据吞吐量会大幅增长，本地部署的弹性资源池能像三峡大坝调节水位一样，根据业务需求动态分配算力资源，避免系统因数据洪峰而过载崩溃。

3. 效益显著：从成本到掌控权的蜕变

对于企业来说，成本是重要考量。搭建本地集群初期虽需一定资金投入，但长远来看成本效益显著。企业如果投入 200 万元搭建本地集群，3 年即可收回成本，自建系统使用寿命可达 5 ～ 8 年，后续边际成本几乎为零，成本从"烧钱"变为"投资"。

使用公有云服务如租房，企业依赖服务商，面临服务费和战略调整等风险。本地部署则让企业拥有"永久产权房"，完全掌握技术演进的主动权，不再受外部因素限制。

4. 总结：本地部署是 AI 时代的数字护城河

在 AI 深度融入企业核心业务的时代，企业级场景下的性能与稳定性保障至关重要。本地部署凭借提升性能、保障稳定性和降低成本等多方面的优势，为企业提供了一个可靠的解决方案。它不仅能够帮助企业避免系统问题导致的损失，还能让企业在市场竞争中占据更有利的地位。无论是从业务需求还是从长远发展来看，本地部署都值得企业考虑和应用。

📖 试一试

请举例说明本地部署的性能和稳定性保障分别体现在哪些方面。

📖 小贴士

企业在考虑采用本地部署时，应根据自身业务特点和需求，综合评估投入成本和预期收益，确保做出最适合的决策。

技巧 95　零基础搞定 DeepSeek 本地部署：硬件、软件、网络三重奏

DeepSeek 的本地部署成为许多企业和个人追求的目标。DeepSeek 是一款高性能且成本较低的 AI 模型，众多用户希望将其部署在本地环境中。这样不仅能实现离线使用，还能更好地保护数据安全和隐私。然而，本地部署并非易事，它对硬件、软件和网络等方面都有严格要求。许多人可能因为硬件配置不足、软件环境不兼容或网络设置不当而陷入困境，甚至导致部署失败或模型运行不稳定。那么，如何才能在本地成功部署 DeepSeek ？

1. 硬件配置：选对"装备"是关键

硬件是本地部署的基础，必须满足 DeepSeek 对计算、存储和加速的需求。处理器应选择高性能的服务器级芯片，如 Intel Xeon 或 AMD EPYC 系列，它们多核心、高主频，能高效处理复杂的计算任务。如果部署 14B 的模型，内存最好保证 16GB DDR4 RAM 及以上，以确保系统运行流畅，避免内存不足导致的频繁硬盘读写，影响速度甚至导致崩溃。存储方面，推荐使用至少 500GB 的 SSD，其读写速度快，能显著缩短模型加载和数据读取时间。如果需要存放大量训练数据或其他文件，可考虑更大容量的硬盘。显卡是加速模型运行的关键，推荐 NVIDIA GeForce RTX 40 系列或更高级别，它们能加速图像识别和自然语言处理任务，提升模型运行效率。查看 CPU、内存、硬盘、显卡信息的命令如图 10-1 所示。

2. 软件环境：搭建稳定的"舞台"

软件环境同样重要。操作系统方面，Windows 系统界面友好，适合有一定编程基础的用户，但运行 DeepSeek 时可能需要额外配置。相比之下，Linux 系统（如 Ubuntu 或 CentOS）更受开发者青睐，它稳定且兼容性好，能为 DeepSeek 提供更好的运行环境。就像在坚实的地基上建房子，Linux 系统能让 DeepSeek 更稳定地运行。应用程序方面，Ollama 是一个开源的 AI 工具，支持本地运行 DeepSeek。它能帮助用户更方便地管理和运行模型，就像一个得力助手，让部署过程变得简单。

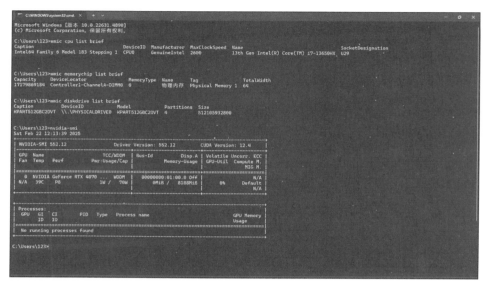

图 10-1　查看电脑硬件配置

3. 网络设置：确保"通道"畅通无阻

网络设置也不容忽视。虽然是本地部署，但在模型更新和数据传输过程中仍然需要网络支持。因此，要保证足够的服务器网络带宽，避免在高强度使用时出现网络拥堵。同时，防火墙和安全组的配置也至关重要。一定要设置好规则，只允许授权的用户和服务访问服务器。这就像给房子安装防盗门，防止非法入侵，保护数据安全和模型的正常运行。

4. 总结：本地部署的"三驾马车"

要在本地成功部署 DeepSeek，硬件、软件和网络三方面缺一不可。硬件配置方面，要选对高性能的处理器、充足的内存、快速的存储设备和强大的显卡；软件环境方面，要选择合适的操作系统，安装必要的应用程序；网络设置方面，要保证带宽充足，并配置好防火墙和安全组。只有满足这些要求，才能让 DeepSeek 在本地环境中稳定运行，发挥其高效性能和强大功能。

📖 试一试

根据你的实际需求，检查当前计算机配置是否满足 DeepSeek 的最低要求。

🗔 小贴士

1）硬件配置是基础，但不要盲目追求高端，根据实际需求合理选择。

2）软件环境搭建时，提前备份系统和数据，避免配置失误导致问题。

3）网络设置务必谨慎，确保防火墙规则正确，防止数据泄露或非法访问。

技巧 96　手把手教你 DeepSeek 本地部署：详细步骤与实操技巧

随着用户量的激增，DeepSeek 服务器繁忙的问题随之而来，这让许多用户在使用时感到困扰，尤其是在需要快速响应的场景下，频繁的等待和卡顿让人抓狂。此外，服务器还可能遭受攻击，进一步影响用户体验。在这种背景下，将 DeepSeek 部署到本地计算机成为一个理想的解决方案，这样不仅能避免服务器繁忙的烦恼，还能让使用者更加灵活地控制和使用 AI 功能。如何将 DeepSeek 部署到本地计算机？别担心，具体部署过程就像一场简单的"三步魔法之旅"，让你轻松搞定。

1. 安装 Ollama 这个"魔法盒子"

Ollama 是一个强大的本地 AI 模型管理工具，支持多种大模型，包括 DeepSeek R1。要开始部署，首先需要访问 Ollama 的官网（ollama.com），根据自己的操作系统（如 macOS、Linux 或 Windows）下载并安装 Ollama，如图 10-2 所示。安装过程非常简单，就像安装普通软件一样，只需要按照提示操作即可。

2. 下载 DeepSeek R1 模型这个"魔法引擎"

安装好 Ollama 后，接下来需要下载 DeepSeek R1 模型。进入 Ollama 官网并单击左上角的 Models 链接，在跳转页面中找到 DeepSeek R1 模型。如果没有直接显示，可以在搜索栏中输入"DeepSeek R1"进行搜索。这里提供了多种不同大小的版本，如 1.5B、7B、8B、14B、32B、70B 和 671B。选择合适的版本时，需要考虑计算机的硬件配置，尤其是内存和显卡的性能。例如，如果计算机配备的是 NVIDIA GeForce RTX 4070 显卡，那么可以尝试 14B 的模型，更小的模型也是不错的选择。DeepSeek R1 模型信息界面如图 10-3 所示。

图 10-2　Ollama 下载界面

图 10-3　DeepSeek R1 模型信息界面

下载模型的具体步骤如下（以在 Windows 系统上部署 14B 为例）：

1）打开 Windows 系统的"开始"菜单，搜索"PowerShell"，右击"Windows PowerShell"，选择"以管理员身份运行"。

2）复制对应版本（如 14B）的代码：ollama run deepseek-r1:14b。

3）将代码粘贴到 PowerShell（管理员）运行框中，然后按回车键。需要注意的是，模型默认会安装在 C 盘，所以要确保 C 盘有足够大的空间。

4）下载完成后，等待片刻，系统提示"success"即表示部署成功，如图 10-4 所示。

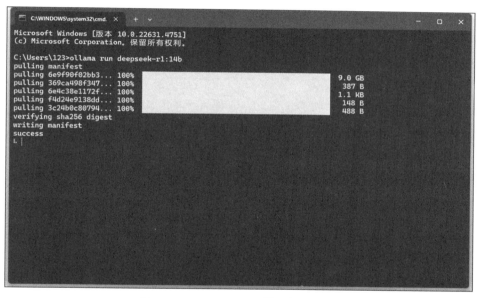

图 10-4　DeepSeek R1 模型部署界面

3. 启动并使用 DeepSeek R1 这个"魔法助手"

完成上述步骤后，就可以开始使用 DeepSeek R1 了。打开 Ollama 的界面，输入内容即可与模型进行对话。你可以用它来写代码、改 Bug、解答数学题，甚至润色文字。如果遇到问题，比如下载速度慢，可以尝试使用国内镜像；如果连接失败，检查 API 地址是否正确，或者确认模型服务是否已启动。

4. 部署完成后的注意事项

虽然部署过程并不复杂，但在使用过程中还是需要注意一些细节。例如，关机后再次使用时，需要重新执行 ollama run 命令来启动模型。此外，如果遇到内存不足的问题，可以尝试关闭其他大型软件，或者选择更小的模型版本。

5. 总结：解锁 DeepSeek "私人定制" 模式

本地部署不仅解决了服务器繁忙的烦恼，还让你可以根据自己的需求灵活调整模型的使用方式。就像拥有了一个专属的 "AI 工作室"，你可以随时调整参数，甚至上传自己的文档，让 AI 为你提供更个性化的服务。

记住，AI 再强大，也需要你来 "指挥"。通过本地部署，DeepSeek 从 "公共服务器" 进化为 "私人定制助手"，让你真正实现 "AI 为伴，智享无限" 的畅快体验。

📖 试一试

按照上述步骤操作，将 DeepSeek R1 部署到本地计算机，体验一下本地部署带来的便捷和高效。

📖 小贴士

当你关闭电脑，下次再打开 Ollama 时，可能会出现双击图标没有反应的情况。这是因为双击图标只是启动了 Ollama，而要与模型对话，还需要打开命令行。

操作步骤如下：

1）同时按下 Win 和 R 键，在弹出的窗口里输入 cmd，单击 "确定" 按钮打开命令行。

2）在命令行界面，执行以下命令：ollama run deepseek-r1:14b。

技巧 97 轻松上手 DeepSeek Web UI：可视化与交互优化

在数字化办公和学习中，AI 模型的本地部署虽然提供了强大的功能，但交互体验往往不够直观。用户需要一个简单易用的界面来调用 AI 能力，同时保护隐私。Page Assist 作为一个开源的扩展程序，能够为本地 AI 模型提供直观的 Web UI 交互界面，让用户在任何网页上都能轻松与 AI 对话。然而，安装扩展程序的过程可能让许多用户感到困惑，尤其是对于那些不熟悉技术操作的初学者来说，如何高效利用这个界面来提升工作和学习效率，仍然是一个亟待解决的问题。

1. 安装 Page Assist：迈出第一步

安装 Page Assist 并不复杂，但需要按照正确的步骤操作，否则可能会遇到"扩展程序无法加载"等问题。以下是详细的安装流程：

1）下载扩展包：从 Page Assist 官方提供的资源链接下载 Page Assist 扩展包（通常是 .zip 格式）。

2）解压文件：将下载的文件解压到一个容易找到的文件夹中。

3）进入 Chrome/Edge 等浏览器扩展程序管理页面：进入"管理扩展"菜单，打开"开发人员模式"。

4）打包扩展程序：单击"加载解压缩的扩展"按钮，选择解压后的文件夹路径。

5）完成安装：安装成功的界面如图 10-5 所示。确保扩展程序已正确加载，并且已固定到工具栏。

图 10-5　Page Assist 安装成功界面

2. 配置 DeepSeek 模型：确保"大脑"在线

在使用 Page Assist 之前，必须确保 DeepSeek 模型已经正确部署在本地，具体参考技巧 96。如果模型未启动，即使安装了 Page Assist，也无法与 AI 进行交互。以下是检查和启动 DeepSeek 模型的步骤：

1）确保模型服务已启动：使用命令 ollama run deepseek-r1:14b 在终端运行启动模型服务。

2）确认 Ollama 服务端口：默认情况下，Ollama 服务会运行在 localhost 的 11434 端口。

3）通过浏览器访问：通过浏览器访问 localhost 端口来测试模型是否响应，在浏览器地址栏输入 http://localhost:11434。如果看到 Ollama is running，表明 DeepSeek 启动成功，如图 10-6 所示。

图 10-6　DeepSeek 启动成功界面

3. 使用 Page Assist：解锁高效交互

安装并配置完成后，Page Assist 将成为你与 DeepSeek 交互的强大工具。单击工具栏上的 Page Assist 图标，即可在任何网页上打开侧边栏或 Web UI 界面，选择本地部署的 DeepSeek 模型。输入问题后，DeepSeek 会即时给出回答，如图 10-7 所示。

4. 优化使用体验：让工具更顺手

为了更好地利用 Page Assist，还需要对其进行一些优化配置：

1）清理缓存：定期清理浏览器缓存和扩展程序数据，避免缓存问题导致交互卡顿或错误。

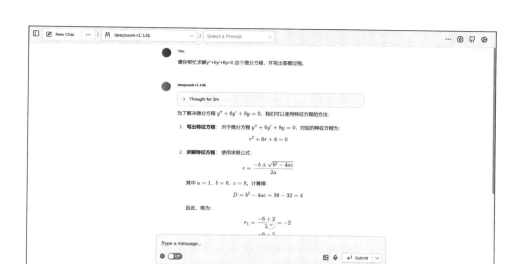

图 10-7　DeepSeek 可视化交互界面

2）更新扩展程序：关注 Page Assist 的更新动态，及时安装新版本，以获取更好的功能和性能优化。

5. 总结：激活本地 AI 的高效交互

安装 Page Assist 的过程虽然不复杂，但需要按照正确步骤操作，以避免出现"扩展程序无法加载"等问题。配置 DeepSeek 模型时，需确保模型路径正确、服务正常运行，并完成环境变量设置。使用 Page Assist 时，用户可以通过工具栏图标快速调用 AI，获取即时回答，并利用"复制到剪切板"功能整理和分享内容。此外，通过自定义快捷键、清理缓存和及时更新扩展程序，可以进一步优化使用体验。Page Assist 让本地 AI 模型的交互变得更加简单、高效，真正实现了"AI 在手，效率我有"。

📖 试一试

如果你已经成功部署了 DeepSeek 模型，不妨尝试安装 Page Assist 扩展程序，解锁更高效的 AI 交互体验。

📖 小贴士

安装扩展程序时，确保下载的文件完整且来源可靠，避免从非官方渠道下载。

用 DeepSeek 打造智能体

技巧 98 把你的 AI 变成"数字分身"：用 DeepSeek 定制专属智能体的秘方

当代职场人最奢侈的幻想莫过于克隆出 N 个自己，一个应付会议，一个处理报表，还有一个专门用来写周报，等等。某科技论坛的调查显示，73% 的职场人每天要重复处理至少 5 类标准化工作。这时候打开通用型 AI 助手，就像让米其林大厨煮泡面，虽然能完成任务，但总觉得有点大材小用。

1. 智能体的"私人定制"困境

想象你去裁缝店定制西装，结果裁缝说："我们只有均码，但你可以自己改。"这就是将通用 AI 应用于专业场景的尴尬：明明需要法律文书助手，得到的却是笼统的建议；想要电商客服机器人，结果回答总带着学术论文的腔调。

2. 5 个实战技巧打造你的"数字克隆人"

其实用 DeepSeek 定制智能体，就像教鹦鹉学舌——关键在于训练方法。这里分享 5 个实战技巧。

（1）角色定位三明治法

先给 DeepSeek 喂"身份馅料"："你现在是拥有 5 年经验的宠物店金牌客服，擅长安抚焦虑的宠物主人，常用表情包和萌宠段子。"再夹上"禁忌清单"："绝不推荐未经 FDA 认证的药品，避免使用专业兽医术语。"最后盖上"任务面包"："处理客户关于猫咪绝育后护理的咨询。"这样训练出的智能体，回复的实用程度堪比养猫十年的达人。

（2）知识库"投喂"妙招

与其让 DeepSeek 生啃行业报告，不如把资料做成"营养套餐"。比如整理客户常见问题时，用 Q & A 的格式"喂养"："当客户问'疫苗为什么这么贵'时，重点解释冷链运输成本和抗体检测流程。"

（3）对话风格调教术

想让 DeepSeek 说话带点东北口音？试试方言教学法："用沈阳话改写这句

话：'亲，您购买的猫粮正在派送中。'。"需要塑造专家人设？就输入："当用户提问时，先肯定他提的问题很有洞察力，再分三点解答。"某法律咨询智能体被训练出"先法条后大白话"的应答模式，用户满意度显著提升。

（4）工作流程串烧技巧

把重复性工作变成"智能流水线"。比如上传一份合同并告诉 DeepSeek："你是一个合同审核智能体，以后只要我上传合同，都按照以下流程处理：收到合同审阅需求→先提取关键条款→比对最新劳动法→标记风险点→生成修改建议。"遇到相同的任务，只需要上传相同的任务，说"帮我审核一下这份合同"，DeepSeek 就会按照前面设置的流程生成审核意见。

（5）迭代升级的"作弊码"

AI 训练不是一锤子买卖，要像养电子宠物般持续"投喂"AI。每周把新遇到的特殊案例丢给智能体："上次处理宠物托运死亡的客户投诉不够人性化，这是改进后的对话样本。"给智能体"投喂"的学习资料越多，它越能够精准理解和回复用户的提问。某电商客服智能体经过几个月投喂上百个差评案例后，现在连"你们快递员摔坏了我给初恋的结婚礼物"这种奇怪的投诉都能优雅化解。

应用示例：以自媒体人为例，可以尝试用 DeepSeek 打造一个自己的选题助手，在输入"本周热点"后，让 DeepSeek 自动生成多个蹭热点选题：正经科普版、幽默玩梗版、争议观点版等。

3. 总结

AI 不是替代品，而是增幅器。定制智能体的本质，是把你的专业经验变成可复制的数字资产。就像给思维安装了个 Ctrl+C/V 快捷键，既能保留个人风格，又能突破时间和体力限制。记住，最好的智能体应该像你的影子——平时默默跟随，关键时刻能帮你多长出一双手。

📖 试一试

在 DeepSeek 中输入"现在你是我的分身，我需要处理_____工作，我的特点是_____，最常遇到的三种情况是_____，请设计专属应答方案"。

📖 小贴士

训练客服智能体时，把"亲"换成你们公司特有的称呼；处理专业领域问题时，记得定期"投喂"最新行业规范，就像给电子宠物更新食谱。

技巧 99　构建智能体的高效工具箱：当 AI 遇上性价比革命

想象一下，你正在指挥一支无所不能的机器人战队：它们能 24 小时处理客户投诉，能预测经济发展趋势，甚至能在手术室辅助医生下刀。这听起来像是科幻电影里的场景，但现实中的企业主、开发者和研究人员，正被智能体开发的三大"紧箍咒"——烧钱如流水的硬件投入、频繁推倒重来的算法设计以及永远跟不上业务发展的系统扩容——折磨得苦不堪言。

1. 第一道生死关："吞金兽"的驯服术

传统智能体开发就像养了只永远吃不饱的"吞金兽"。互联网大厂训练 AI 模型的电费就够买下三架大客机。DeepSeek 却像自带开了外挂的省电模式，用其他主流 AI 模型 1/10 的成本实现了水平相当甚至更强的性能——秘密在于它独创的"模块化分工"机制。就像工厂流水线让每个工人专注拧螺丝钉，这套系统能让不同模块各司其职，升级时只用更换特定零件，不用重建整条生产线。

2. 第二道转型坎：变形金刚式组装

企业最怕遇到"开盲盒"式 AI 系统：花大价钱买来的智能客服，转头要做数据分析时就彻底停摆。DeepSeek 的解决方案堪称 AI 界的乐高工厂：金融风控模块可以像积木块般直接嵌入医疗诊断系统，自动驾驶的感知算法稍作调整就能变成仓库巡检机器人的眼睛。

3. 第三道发展墙：橡皮筋式扩容法

传统系统扩容就像给婴儿换衣服——每长大一码就得全套更换。而 DeepSeek 的弹性架构能像橡皮筋般自由伸缩：白天用 80% 算力处理订单，夜间自动切换到数据分析模式。更妙的是，它支持"搭积木"式算力租赁，初创公司可以像拼乐高一样按需购买计算资源，再也不用为闲置的服务器额外付费。

4. 实战指南：三步打造聪明又实惠的 AI 伙伴

1）成本控制秘籍：先给 AI 任务做"体检"，用模块拆分法找出最耗能的环节。就像装修时先确定承重墙，重点优化核心模块的效率。

2）灵活组装手册：建立 AI 元件库，把常用功能封装成可插拔的"智能 U 盘"。需要新功能时直接组合现有模块，别总想着从头造轮子。

3）弹性扩容攻略：采用"云 + 端"混合架构，像调节汽车变速箱那样动态分配算力。重要任务挂高速档，日常作业切经济模式。

5. 总结：让智能体开发告别"奢侈品"时代

DeepSeek 带来的不仅是技术革新，更是思维革命。它证明高性价比的 AI 开发不是天方夜谭——就像智能手机让计算机从实验室走进口袋，这套方法论正在让智能体技术从科技巨头的玩具变成中小企业的生产力工具。当开发成本降低到原来的十分之一，当系统迭代周期从以年计缩短到按周算，每个行业都有机会上演自己的智能化逆袭剧本。

📖 试一试

用 DeepSeek 文档中的模块库，试着把图像识别模块和语音处理模块组合成一个能看图说话的智能体，体验搭积木式开发的乐趣。

📖 小贴士

1）开发前先画 AI 元件地图，用不同颜色分别标注已有模块和待开发部分。

2）每周做次算力体检，关停利用率低于 30% 的服务器。

3）给每个模块贴功能标签，方便后续跨项目调用。

技巧 100　给 AI 装上专属大脑：四步打造私人智能顾问

在人工智能应用井喷的今天，很多职场人都会遇到这样的尴尬：用通用模型处理专业工作时，就像让只会做家常菜的厨师准备满汉全席——要么答非所问，要么需要反复调教。特别是涉及行业知识库、企业专属数据时，通用模型常常表现得像刚入职场的实习生，既不了解公司暗语，也记不住项目细节。

1. 知识孤岛的困局

想象你正在准备直播脚本，需要引用市场部最新的用户画像报告。当你询问 AI 助手时，它可能给出三年前的行业通用模板，甚至把竞品公司的数据混进来。这种"知识错位"就像让北方厨子做广式早茶，用料工序都不对味。更糟糕的是，每次都要手动上传文档、复制粘贴关键信息，效率还不如直接翻文件柜。

利用 DeepSeek + 知识库的组合，可以像组装乐高一样搭建专属智能助手。整个过程就像给 AI 安装"外接大脑"，只需完成 4 个步骤。

2. 第一步：解锁最强大脑（获取大模型）

1）通过硅基流动官网 https://cloud.siliconflow.cn/ 注册账号，如图 11-1 所示。

图 11-1　硅基流动官网注册界面

2）注册成功之后，查看余额充值界面，如图 11-2 所示，会看到系统免费赠送了 14 元，可以用这笔钱进行测试。

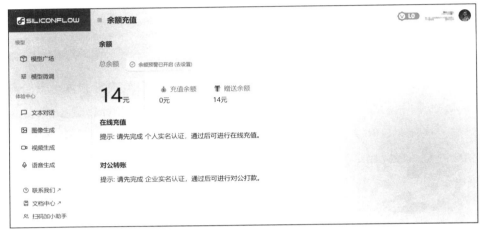

图 11-2　余额充值界面

3）在 API 密钥页面单击"新建 API 密钥"按钮，如图 11-3 所示。

图 11-3　API 密钥获取界面

4）在"模型广场"处找到 deepseek-ai/DeepSeek-R1，点进去可复制备用，如图 11-4 所示。

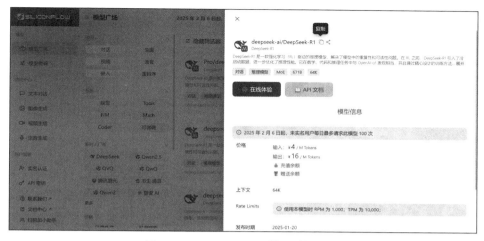

图 11-4　DeepSeek-R1 模型详情界面

3. 第二步：接通智慧电源（配置大模型）

1）通过官网 https://cherry-ai.com/ 下载 Cherry Studio 去使用 DeepSeek-R1 API。

2）在 Cherry Studio 找到"硅基流动"模块，填入在上一步中获取的密钥（密钥就像电力公司的接电许可），如图 11-5 所示。

图 11-5　密钥配置界面

3）单击"添加"按钮，将 deepseek-ai/DeepSeek-R1 模型 ID 复制进去，如图 11-6 所示。

图 11-6　添加模型界面

4）单击"管理"按钮，看"全部"栏是否有 deepseek-ai/DeepSeek-R1，如有即完成认证，如同打开总电闸。

4. 第三步：安装知识处理器（部署嵌入模型）

在嵌入模型库选择 BAAI/bge-m3 进行添加，如图 11-7 所示。这个模型会成为知识的"翻译官"，把文档转化为 AI 能理解的数字语言。

5. 第四步：构建记忆宫殿（上传知识库）

1）添加知识库时建议用"DeepSeek 基础知识库"这类具体的名称，如图 11-8 所示。

2）上传方式像往书架上放书，总共有 5 种方式：

❑ 文件上传：精装书逐本上架。

❑ 目录上传：批量入库的图书。

❑ 网页抓取：自动扫描电子图书馆。

❑ 站点地图：获取整栋知识大厦的平面图。

❑ 笔记上传：构建你的专属知识宝库。

看到绿色√号，说明 AI 已完成"读书笔记"，如图 11-9 所示。

图 11-7 嵌入模型选择

图 11-8 添加知识库

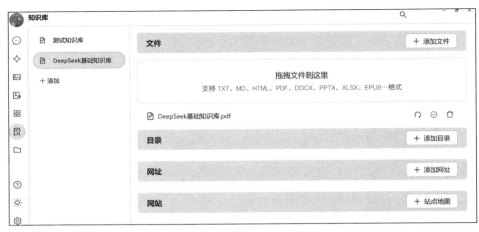

图 11-9　上传文件

3）上传结果测试。完成配置后，单击"搜索知识库"按钮，输入与上传文档相关内容的关键词，观察有返回内容即上传成功。

4）创建智能体。依次单击左侧"智能体"→"创建智能体"→"名称"→"提示词"并选择"知识库"，即可完成智能体创建，如图 11-10 所示。

图 11-10　创建智能体

6. 常见问题自救指南

1）遇到"知识消化不良"（识别失败）：检查文档格式是否合规。

2）出现"记忆混乱"（回答错乱）：用精确关键词缩小检索范围。

3）发生"知识断片"（内容缺失）：尝试用网站地图抓取替代单页上传。

7. 总结：智能体驯养术

搭建专属智能体的过程，本质是教会 AI 用你的语言说话。就像训练导盲犬时需要让它熟悉主人的行动路线，配置知识库就是在为 AI 绘制专属认知地图。当通用模型穿上定制"西装"，它就能从容应对行业暗语、内部数据等特殊场景，真正成为随叫随到的数字员工。

📑 试一试

上传最近三个月的会议纪要，尝试提问："整理关于用户增长的核心策略。"

📑 小贴士

1）知识库命名要像快递地址般具体（避免"资料库 1 号"这类模糊的名称）。

2）进行网站地图抓取时，优先选择更新日期最近的 XML 文件。

3）定期给 AI"补充营养"——每月更新知识库内容。

4）对于重要文档建议"混合投喂"：上传源文件 + 网页备份双保险。

结　　语

　　本书是多位作者共同智慧的结晶，这些作者毕业于清华大学、北京大学、北京邮电大学等高校，目前都在广西南宁工作。

　　在全面拥抱人工智能的时代，要以"人工智能＋"赋能千行百业，力争在新领域新赛道迎头赶上。本书就是这个时代背景下的产物。

　　因作者水平有限，书中错误难免，恳请各位读者批评指正。我们衷心希望帮助每一个人掌握 DeepSeek 的基础知识和技能技巧，从而更加高效地工作、生活和学习，自然而然、轻松愉悦地享受人工智能的红利。

　　本书作者中既有扎根基层教育的乡村教师，也有充满求知欲望的青年学子。知识的传递需要桥梁，而这座桥梁的基石，需要无数双手的托举。我们与那些为青少年打开科技之窗的公益行动者一样，都在以自己的方式共筑一个更理性、更富有创造力的未来。我们也长期关注公益事业，希望能贡献自己的力量。经过商议，本书的所有作者一致同意将本书的所有稿酬捐赠给广西希望工程（广西青少年发展基金会主办），专项用于面向乡村教师、学生的人工智能素养和技能提升以及科普教育。

　　如您有相应的资源，不管是资金、培训课程、直播、短视频，请和广西青少年发展基金会官方联系。让我们共同支持少数民族地区的青少年人工智能教育与发展。